U0363618

浙江省市政设施养护维修预算定额

（2018 版）

中国计划出版社

2020 北京

图书在版编目（CIP）数据

　　浙江省市政设施养护维修预算定额 ：2018版 ／ 浙江省建设工程造价管理总站主编. -- 北京 ： 中国计划出版社，2020.10（2021.11重印）
　　ISBN 978-7-5182-1240-8

　　Ⅰ. ①浙…　Ⅱ. ①浙…　Ⅲ. ①市政工程－维修－建筑预算定额－浙江②市政工程－保养－建筑预算定额－浙江
　　Ⅳ. ①TU723.34

　　中国版本图书馆CIP数据核字(2020)第183868号

浙江省市政设施养护维修预算定额(2018 版)
浙江省建设工程造价管理总站　主编

中国计划出版社出版发行
网址：www.jhpress.com
地址：北京市西城区木樨地北里甲 11 号国宏大厦 C 座 3 层
邮政编码：100038　电话：(010) 63906433（发行部）
三河富华印刷包装有限公司印刷

880mm×1230mm　1/16　15 印张　436 千字
2020 年 10 月第 1 版　2021 年 11 月第 4 次印刷
印数 2601—3600 册

ISBN 978-7-5182-1240-8
定价：74.00 元

主编单位：浙江省建设工程造价管理总站

批准部门：浙江省住房和城乡建设厅

浙江省发展和改革委员会

浙江省财政厅

施行日期：二〇二〇年十月一日

浙江省市政设施养护维修预算定额
（2018 版）

主 编 单 位：浙江省建设工程造价管理总站
专业主编单位：浙江省长三角城市基础设施科学研究院
参 编 单 位：浙江建设职业技术学院
　　　　　　　杭州市市政设施管理中心
　　　　　　　宁波市市政设施中心
　　　　　　　杭州市城市水设施和河道保护管理中心
　　　　　　　杭州市市容景观发展中心
　　　　　　　杭州市路桥集团股份有限公司
　　　　　　　温州市市政管理中心
　　　　　　　杭州西湖区市政工程有限公司
　　　　　　　嘉兴市规划设计研究院有限公司
　　　　　　　衢州市市政公用管理服务中心
　　　　　　　德威工程管理咨询有限公司
　　　　　　　浙江科佳工程咨询有限公司

主 　 编：陈 斌
副 主 编：方甫兵
参 　 编：贾颖栋　汪飞佳　黄玲媛　田章华　范 华　金林杰　曹 燕　陈云娇
　　　　　胡余勇　汪国英　刘亚梅　董卫华　叶 萌　沈吉芳　吴超群　蒋乃强
　　　　　解明利　徐会忠　郑 俊

顾 　 问：韩松明

软件生成：成都鹏业软件股份有限公司　杜彬
数据输入：杭州品茗安控信息技术股份有限公司　裘炯

审 核:浙江省建设工程计价依据(2018版)编制工作专家组

组　长:邓文华　浙江省建设工程造价管理总站站长

副组长:俞　晓　浙江省发展和改革委员会基本建设综合办公室副主任
　　　　马　勇　浙江省财政厅经济建设处副处长
　　　　戚程旭　浙江省住房和城乡建设厅建筑市场监管处副处长
　　　　周　易　浙江省住房和城乡建设厅计划财务处副处长
　　　　韩　英　浙江省建设工程造价管理总站副站长
　　　　汪亚峰　浙江省建设工程造价管理总站副站长
　　　　季　挺　浙江省建设工程造价管理总站副站长

成　员:李仲尧　浙江省公共资源交易中心主任
　　　　俞富桥　浙江省财政项目预算审核中心副主任
　　　　袁　旻　杭州市建设工程造价和投资管理办公室主任
　　　　傅立群　宁波市建设工程造价管理处处长
　　　　胡建明　浙江省建设工程造价管理总站副总工程师
　　　　田忠玉　浙江省建设工程造价管理总站定额管理室主任
　　　　蔡临申　浙江省建设工程造价管理总站造价信息室主任
　　　　毛红卫　浙江省建投集团投资与成本合约部总经理
　　　　单国良　歌山建设集团有限公司总裁助理
　　　　陈建华　万邦工程管理咨询有限公司总经理
　　　　黄志挺　建经投资咨询有限公司董事长
　　　　华钟鑫　浙江中达工程造价事务所有限公司董事长
　　　　蒋　磊　浙江耀信工程咨询有限公司董事长
　　　　史文军　原浙江省建工集团有限责任公司总经济师

审 定:浙江省建设工程计价依据(2018版)编制工作领导小组

组　长:项永丹　浙江省住房和城乡建设厅厅长

副组长:朱永斌　浙江省住房和城乡建设厅党组成员、浙江省建筑业管理总站站长
　　　　杜旭亮　浙江省发展和改革委员会副主任
　　　　邢自霞　浙江省财政厅副厅长

成　员:陈衡治　浙江省发展和改革委员会基本建设综合办公室主任
　　　　倪学军　浙江省财政厅经济建设处处长
　　　　宋炳坚　浙江省住房和城乡建设厅建筑市场监管处处长
　　　　施卫忠　浙江省住房和城乡建设厅计划财务处处长
　　　　邓文华　浙江省建设工程造价管理总站站长

浙江省住房和城乡建设厅　浙江省发展和改革委员会 浙江省财政厅关于颁发《浙江省工程建设其他 费用定额(2018版)》等七部定额的通知

浙建建发〔2020〕16号

各市建委(建设局)、发展改革委、财政局:

为深化工程造价管理改革,完善工程计价依据体系,健全工程造价管理机制,根据省建设厅、省发展改革委、省财政厅联合印发的《关于组织编制〈浙江省建设工程计价依据(2018版)〉的通知》(建建发〔2017〕166号)要求,由省建设工程造价管理总站(省标准设计站)负责组织编制的《浙江省工程建设其他费用定额(2018版)》《浙江省房屋建筑与装饰工程概算定额(2018版)》《浙江省通用安装工程概算定额(2018版)》《浙江省市政工程概算定额(2018版)》《浙江省房屋建筑安装工程修缮预算定额(2018版)》《浙江省市政设施养护维修预算定额(2018版)》《浙江省园林绿化养护预算定额(2018版)》(以下简称"七部定额")通过审定,现予颁发,并就有关事项通知如下,请一并贯彻执行。

一、2018版计价依据是指导投资估算、设计概算、施工图预算、招标控制价、投标报价的编制以及工程合同价约定、竣工结算办理、工程计价纠纷调解处理、工程造价鉴定等的依据。规费取费标准是投资概算和招标控制价的编制依据,投标人根据国家法律、法规及自身缴纳规费的实际情况,自主确定其投标费率,但在规费政策平稳过渡期内不得低于标准费率的30%。当政策发生变化时,再另行发文规定。

二、七部定额自2020年10月1日起施行。《浙江省建筑工程概算定额(2010版)》《浙江省安装工程概算定额(2010版)》《浙江省市政设施养护维修定额(2003版)》《浙江省工程建设其他费用定额(2010版)》同时停止使用。

三、凡2020年9月30日前签订工程发承包合同的项目,或工程发承包合同在2020年10月1日后签订但工程开标在2020年9月30日前完成的项目,除工程合同或招标文件有特别约定外,仍按原"计价依据"规定执行。涉及后续人工费动态调整的,统一采用人工综合价格指数进行调整。

四、各级建设、发展改革、财政等部门要高度重视2018版计价依据的贯彻实施工作，造价管理机构要加强检查指导，确保2018版计价依据的正确执行。

　　2018版计价依据由省建设工程造价管理总站(省标准设计站)负责解释与管理。

浙江省住房和城乡建设厅

浙江省发展和改革委员会

浙江省财政厅

2020年5月29日

总　说　明

一、《浙江省市政设施养护维修预算定额》(2018 版)(以下简称"本定额")是根据浙江省住建厅、发改委、财政厅联合印发的《关于组织编制〈浙江省建设工程计价依据(2018 版)〉的通知》(建建发〔2017〕166 号)的要求,在《浙江省市政设施养护维修定额》(2003 版)的基础上编制的。

二、本定额适用于浙江省行政区域内城市道路、桥梁、隧道、排水、河道、照明等市政设施的养护和维修工程。

三、本定额养护维修是指市政设施的日常小修保养工程,不适用于市政设施的大修、中修工程。小修保养工程是指为保持市政设施的完整,所进行的预防性保养和轻微损坏部分的修补。大修、中修工程应套用《浙江省市政工程预算定额》的相应子目。

四、本定额共七章,具体包括通用项目、道路设施养护维修、桥梁设施养护维修、隧道设施养护维修、排水设施养护维修、河道护岸设施养护维修和城市照明设施养护维修。

五、本定额的编制依据:

1.《市政工程消耗量定额》ZYA 1 – 31 – 2015;

2.《建设工程劳动定额—市政工程》LD/T 99.1 – 2008;

3.《关于建筑安装工程费用组成》(建标〔2013〕44 号);

4.住房和城乡建设部《城镇市政设施养护维修工程投资估算指标》HGI – 120 – 2011;

5.《浙江省市政工程预算定额》(2018 版);

6.《浙江省市政设施养护维修定额》(2003 版);

7.国家及浙江省现行的设计技术规程、施工及验收规范、工程安全操作规程及质量评定标准;

8.浙江省现行有关计价文件及新材料、新技术、新工艺等相关技术资料,以及其他省市相关预算定额;

9.国家及浙江省现行的标准图集和具有代表性的工程设计图纸。

六、本定额的作用:

1.是编制市政设施养护维修工程预算、结算的指导性依据;

2.是编制市政设施养护维修工程投资估算指标、确定年度维修经费的依据;

3.是市政设施养护维修工程招标控制价和投标报价的参考性依据。

4.是市政设施养护财政资金申请、拨付参考依据。

七、关于人工工日消耗量:

本定额人工按定额用工的技术含量综合为一类人工和二类人工,其内容包括基本用工、超运距用工、人工幅度差和辅助用工。其中土石方工程人工为一类人工,其余均为二类人工。本定额中的人工每工日按 8h 工作制计算。

八、关于材料消耗量:

1.本定额中的材料消耗包括主要材料、辅助材料,凡能计量的材料、成品、半成品均按品种、规格逐一列出用量并计入了相应的损耗,其范围包括从工地仓库、现场集中堆放地点或现场加工地点至操作(安装)地点的损耗,损耗内容包括现场运输损耗、施工操作损耗和施工现场堆放损耗。

2.混凝土、沥青混凝土、砌筑砂浆、抹灰砂浆及各种胶泥等材料的消耗量均以体积"m³"表示。定额中混凝土的养护,除另有说明外,均按自然养护考虑。

3.本定额中的周转性材料按规定的材料周转次数以摊销形式计入定额内。

4.本定额项目中的次要零星材料未一一列出,均包括在其他材料费内。

九、本定额中使用的砂浆以现拌编制,若实际使用预拌(干湿或湿拌)砂浆时,按以下方法调整:

1.使用干湿砂浆的,除将现拌砂浆单价换算为干湿砂浆单价外,灰浆搅拌机换成干混砂浆罐式搅拌机,台班数量不变,另按相应定额中每立方米砂浆扣除人工 0.195 工日。

2.使用湿拌砂浆的,除将现拌砂浆单价换算为湿拌砂浆单价外,扣除灰浆搅拌机台班数量,另按相应定额中每立方米砂浆扣除人工 0.45 工日。

十、本定额中使用的混凝土以现场浇捣编制,实际采用非泵送商品混凝土浇捣时,扣除相应定额中的搅拌机台班数量,每立方米混凝土扣除人工 0.15 工日。

十一、关于施工机械台班消耗量:

1.本定额的施工机械台班用量包括了机械幅度差。

2.定额中均已包括材料、成品、半成品从工地仓库、现场集中堆放地点或现场加工地点至操作安装地点的水平和垂直运输所需要的人工和机械消耗量。如需要再次搬运的,应在二次搬运费项目中列支。

十二、本定额中不含特型、大型机械的安装拆卸和场外运输费用,发生时根据实际情况另行计列。

十三、关于定额人工、材料、机械台班单价的取定:

人工单价,一类人工 125 元/工日,二类人工 135 元/工日;材料单价按《浙江省建筑安装材料基期价格》(2018 版)取定;机械台班单价根据《浙江省施工机械台班费用定额》(2018 版)取定。

十四、本定额中商品沥青混凝土按成品价考虑。其单价除包括产品出厂价外,还包括了至施工现场的运输、装卸费用。

十五、本定额未包括搭拆施工脚手架及周转材料场外运输等费用,发生时套用相应的市政工程预算定额。

十六、本定额的工作内容中已对主要的施工工序做了说明,次要工序虽未说明,但已考虑在定额内。

十七、本定额养护期按设施开始投入使用起算,原有设施改建后按改建完成后的时间重新计算年限。

十八、有关施工取费费率的施行:

1.市政设施养护维修工程的施工取费费率按《浙江省建设工程计价规则》(2018 版)第 4.3 节市政工程施工取费费率中的相应项目费率乘以调整系数计算,施工取费的其他规定按计价规则执行,具体的取费项目及调整系数见下表:

取费项目及调整系数表

费用项目名称		计价规则费用项目	调整系数
企业管理费		C1 企业管理费	0.99
利润		C2 利润	1
施工组织措施项目费	安全文明施工基本费	CJ3 - 1 - 2 市区工程/CA3 - 1 - 2 市区工程	0.84
	二次搬运费	CJ3 - 4 市政土建工程/CA3 - 4 市政安装工程	10
	行车干扰费	CJ3 - 6 市政土建工程/CA3 - 6 市政安装工程	1
规费		C5 规费	1
税金		C6 增值税	1

2.本定额企业管理费取费费率中不包含已完工程及设备保护费、工程定位复测费和夜间施工增加费。道路、桥梁、高架、隧道等设施养护作业对交通影响较大,采用夜间养护作业情况较多时,可对夜间

养护施工人工费进行调整,相应定额子目中的人工消耗量乘以系数1.5;

　　3.本定额安全文明施工基本费取费费率中不含城市(高架)快速路、城市主干路、特大型桥梁、隧道等养护作业沿线搭设的临时围挡(护栏)费用,发生时应按施工技术措施项目费另列项目进行计算。

　　十九、本定额中用括号"( )"表示的消耗量,均未列入基价。

　　二十、本定额的基价不包括进项税。

　　二十一、本定额中注有"××以内"或"××以下"者均包括××本身,"××以外"或"××以上"者,则不包括××本身。

　　二十二、本定额由浙江省建设工程造价管理总站负责解释与管理。

目　　录

第一章
通 用 项 目

说　明

一、本定额适用于城市各类市政设施养护维修工程(除其他章节定额另有说明外)。

二、人工、机械挖土方不分基坑、沟槽及干、湿土,均套用本定额。

三、铣刨路面不含废料外运,外运时按相关子目计算。

四、拆除项目包括人工配合作业。

五、本章节涉及拆除为破坏性拆除,拆除后场地清理,废料就近堆放整齐。如需运至指定地点回收利用,则另行计算运费和回收价值。利用性拆除在其他相关章节的翻修子目中考虑。

六、道路拆除工程适用于沥青路面单体面积≤400m²,混凝土路面单体面积≤200m²,人行道单体面积≤200m²的维修工程。

七、定额中不包含混凝土路面拆除解小费用。

工程量计算规则

一、挖土土方体积按天然密实体积(自然方)计算,回填土按压实后的体积(实方)计算。

二、旧料外运适用于块状废料,工程量按实体积计算。

三、拆除平石、侧石按实际长度以"m"计算。

四、拆除道路及人行道按实际拆除面积以"m^2"计算。

五、拆除构筑物及障碍物按其实体体积以"m^3"计算。

六、钢筋工程中,钢筋制作、安装按设计图示钢筋长度以"t"计算。

一、土方挖填

工作内容: 1. 挖土方:挖土、装土、堆放、修整;

2. 回填土方:摊土、平土、洒水、夯实。　　　　　　　　　　　　　　　　计量单位:100m³

定　额　编　号			1-1	1-2	1-3
项　　　目			人工挖土方	机械挖土方	回填夯实
基　价　(元)			**2 726.25**	**884.07**	**1 928.59**
其 中	人　工　费　(元)		2 726.25	427.50	1 853.75
	材　料　费　(元)		—	—	—
	机　械　费　(元)		—	456.57	74.84
	名　　称	单位	单价(元)	消　耗　量		
人 工	一类人工	工日	125.00	21.810	3.420	14.830
机 械	履带式单斗液压挖掘机 1m³	台班	914.79	—	0.309	—
	履带式推土机 75kW	台班	625.55	—	0.278	—
	电动夯实机 250N·m	台班	28.03	—	—	2.670

二、土方、旧料运输

工作内容: 1. 机械运土方或旧料:装车、外运、卸土或旧料,场内道路洒水;

2. 人工运土:装土、运土、卸土、清理。　　　　　　　　　　　　　　　　计量单位:100m³

定　额　编　号			1-4	1-5	1-6
项　　　目			人工装车、机械运输		人工装运
			运土方或旧料(运距 km)		运距50m
			5	每增减1	
基　价　(元)			**3 695.57**	**191.46**	**1 900.00**
其 中	人　工　费　(元)		1 352.50	—	1 900.00
	材　料　费　(元)		—	—	—
	机　械　费　(元)		2 343.07	191.46	—
	名　　称	单位	单价(元)	消　耗　量		
人工	一类人工	工日	125.00	10.820	—	15.200
机械	自卸汽车 5t	台班	455.85	5.140	0.420	—

三、挖 运 污 泥

工作内容：人工挖污泥、装土、汽车运输、卸污泥。　　　　　　　　　　　　　　　　计量单位：100m³

定额编号				1-7	1-8	1-9
项　目				人工挖污泥	人工装卸、污泥车运输	
					运距（km）	
					5	每增减 1
基　价（元）				7 868.75	3 730.45	191.46
其中	人　工　费（元）			7 868.75	1 132.88	—
	材　料　费（元）			—	—	—
	机　械　费（元）			—	2 597.57	191.46
名　称	单位	单价(元)		消　耗　量		
人工	一类人工	工日	125.00	62.950	9.063	—
机械	自卸汽车 5t	台班	455.85	—	5.140	0.420
	履带式推土机 75kW	台班	625.55	—	0.330	—
	洒水车 8 000L	台班	480.72	—	0.100	—

工作内容：机械挖污泥、装土、汽车运输、卸污泥。　　　　　　　　　　　　　　　　计量单位：100m³

定额编号				1-10	1-11	1-12
项　目				机械挖污泥	污泥车运输	
					运距（km）	
					5	每增减 1
基　价（元）				1 200.07	2 597.57	191.46
其中	人　工　费（元）			427.50	—	—
	材　料　费（元）			—	—	—
	机　械　费（元）			772.57	2 597.57	191.46
名　称	单位	单价(元)		消　耗　量		
人工	一类人工	工日	125.00	3.420	—	—
机械	抓铲挖掘机 0.5m³	台班	649.22	1.190	—	—
	自卸汽车 5t	台班	455.85	—	5.140	0.420
	履带式推土机 75kW	台班	625.55	—	0.330	—
	洒水车 8 000L	台班	480.72	—	0.100	—

四、拆　除　工　程

1. 拆除道路面层

工作内容：铣刨路面、清扫铣刨废料、旧料运至路边，清理成堆。　　　　　　　　　　　　　计量单位：100m²

定　额　编　号			1-13	1-14
项　　　　　目			铣刨机铣刨路面（厚度cm）	
			3 以内	每增 1
基　价　（元）			**390.73**	**23.43**
其 中	人　　工　　费　（元）		38.48	2.30
	材　　料　　费　（元）		—	—
	机　　械　　费　（元）		352.25	21.13
	名　　称	单位	单价（元）	消　耗　量
人工	二类人工	工日	135.00	0.285	0.017
机械	路面铣刨机 2 000mm	台班	2 610.79	0.100	0.006
	自卸汽车 5t	台班	455.85	0.200	0.012

工作内容：拆除、旧料运至路边，清理成堆。　　　　　　　　　　　　　　　　　　　　　计量单位：100m²

定　额　编　号			1-15	1-16	1-17	1-18
项　　　　　目			人工拆除			
			沥青混凝土路面（厚度cm）		水泥混凝土路面（厚度cm）	
			10 以内	每增 1	15 以内	每增 1
基　价　（元）			**969.57**	**96.93**	**1 472.85**	**147.29**
其 中	人　　工　　费　（元）		969.57	96.93	1 472.85	147.29
	材　　料　　费　（元）		—	—	—	—
	机　　械　　费　（元）		—	—	—	—
	名　　称	单位	单价（元）	消　耗　量			
人工	二类人工	工日	135.00	7.182	0.718	10.910	1.091

工作内容:拆除、旧料运至路边,清理成堆。

计量单位:100m²

定 额 编 号				1-19	1-20	1-21	1-22
项 目				机械拆除			
				沥青混凝土路面(厚度 cm)		水泥混凝土路面(厚度 cm)	
				10	每增1	15	每增1
基 价 (元)				**1 002.54**	**92.92**	**1 964.51**	**117.06**
其 中	人 工 费 (元)			746.42	67.77	1 344.33	77.76
	材 料 费 (元)			3.14	0.38	4.53	0.38
	机 械 费 (元)			252.98	24.77	615.65	38.92
	名 称	单位	单价(元)	消 耗 量			
人工	二类人工	工日	135.00	5.529	0.502	9.958	0.576
材 料	合金钢钻头 一字型	个	8.62	0.200	0.030	0.300	0.030
	六角空心钢 综合	kg	2.48	0.320	0.050	0.470	0.050
	高压胶皮风管 φ25 – 6P – 20m	m	15.52	0.040	—	0.050	—
机 械	手持式风动凿岩机	台班	12.36	1.430	0.140	3.480	0.220
	内燃空气压缩机 3m³/min	台班	329.10	0.715	0.070	1.740	0.110

工作内容:切缝、清理。

计量单位:10m

定 额 编 号				1-23
项 目				切缝机切缝
基 价 (元)				**88.28**
其 中	人 工 费 (元)			49.28
	材 料 费 (元)			31.44
	机 械 费 (元)			7.56
	名 称	单位	单价(元)	消 耗 量
人工	二类人工	工日	135.00	0.365
材 料	切缝机片	片	155.00	0.065
	水	m³	4.27	5.000
	其他材料费	元	1.00	0.010
机械	混凝土切缝机 7.5kW	台班	32.71	0.231

2. 拆除道路基层

工作内容:拆除、旧料运至路边,清理成堆。 计量单位:100m²

定 额 编 号			1-24	1-25	1-26	1-27
项 目			机械拆除			
			三渣基层(厚度 cm)		水泥碎石稳定层(厚度 cm)	
			20 以内	每增 5	15 以内	每增 1
基 价 (元)			**2 610.05**	**641.97**	**1 320.00**	**260.04**
其中	人 工 费 (元)		1 786.05	447.12	685.67	230.04
	材 料 费 (元)		3.14	0.25	4.53	0.38
	机 械 费 (元)		820.86	194.60	629.80	29.62
名 称	单位	单价(元)	消 耗 量			
人工 二类人工	工日	135.00	13.230	3.312	5.079	1.704
材料 合金钢钻头 一字型	个	8.62	0.200	0.020	0.300	0.030
六角空心钢 综合	kg	2.48	0.320	0.030	0.470	0.050
高压胶皮风管 φ25-6P-20m	m	15.52	0.040	—	0.050	—
机械 手持式风动凿岩机	台班	12.36	4.640	1.100	3.560	—
内燃空气压缩机 3m³/min	台班	329.10	2.320	0.550	1.780	0.090

工作内容:拆除、旧料运至路边,清理成堆。 计量单位:100m²

定 额 编 号			1-28	1-29
项 目			机械拆除	
			其他各类基层(厚度 cm)	
			20 以内	每增 5
基 价 (元)			**1 629.64**	**368.74**
其中	人 工 费 (元)		837.27	209.25
	材 料 费 (元)		3.35	0.27
	机 械 费 (元)		789.02	159.22
名 称	单位	单价(元)	消 耗 量	
人工 二类人工	工日	135.00	6.202	1.550
材料 合金钢钻头 一字型	个	8.62	0.204	0.020
六角空心钢 综合	kg	2.48	0.392	0.040
高压胶皮风管 φ25-6P-20m	m	15.52	0.040	—
机械 手持式风动凿岩机	台班	12.36	4.460	0.900
内燃空气压缩机 3m³/min	台班	329.10	2.230	0.450

3. 拆除人行道板和平石、侧石

工作内容:拆除、旧料运至路边,清理成堆。 计量单位:见表

定 额 编 号			1-30	1-31	1-32
项　　　目			人工拆除		
			人行道板	侧石	平石
计 量 单 位			100m²	100m	100m
基　价　(元)			**300.11**	**354.78**	**238.55**
其中	人　工　费　(元)		300.11	354.78	238.55
	材　料　费　(元)		—	—	—
	机　械　费　(元)		—	—	—
名　称	单位	单价(元)	消　耗　量		
人工 二类人工	工日	135.00	2.223	2.628	1.767

4. 拆除构筑物

工作内容:拆除、旧料运至路边,清理成堆。 计量单位:m³

定 额 编 号			1-33	1-34	1-35
项　　　目			陆上拆除构筑物		
			石砌体	混凝土	钢筋混凝土
基　价　(元)			**191.19**	**284.48**	**421.74**
其中	人　工　费　(元)		106.25	173.88	257.85
	材　料　费　(元)		3.91	3.14	4.68
	机　械　费　(元)		81.03	107.46	159.21
名　称	单位	单价(元)	消　耗　量		
人工 二类人工	工日	135.00	0.787	1.288	1.910
材料 合金钢钻头 一字型	个	8.62	0.250	0.200	0.300
六角空心钢 综合	kg	2.48	0.395	0.320	0.470
高压胶皮风管 φ25−6P−20m	m	15.52	0.050	0.040	0.060
机械 手持式风动凿岩机	台班	12.36	0.374	0.486	0.720
内燃空气压缩机 6m³/min	台班	417.52	0.183	0.243	0.360

注:拆除砖砌构筑物时人工乘以系数0.85。

五、钢 筋 工 程

工作内容:钢筋制作、安装。　　　　　　　　　　　　　　　　　　计量单位:t

定　额　编　号	1-36
项　　　目	钢筋制作、安装
基　　价　（元）	**5 229.97**

其中	人　　工　　费　（元）	1 639.85
	材　　料　　费　（元）	3 173.54
	机　　械　　费　（元）	416.58

	名　　称	单位	单价（元）	消　耗　量
人工	二类人工	工日	135.00	12.147
材料	钢筋 综合	kg	3.04	1 031.000
	镀锌铁丝 22#	kg	6.55	6.000
机械	钢筋切断机 40mm	台班	43.28	0.930
	钢筋调直机 φ40	台班	35.45	0.930
	载货汽车 4t	台班	369.21	0.930

注:1. 钢筋制作、安装定额中的 4t 载重汽车适用于城市高架、立交桥,其他情况需扣除 4t 载重汽车台班费用;
　　2. 钢筋制作、安装定额如用于型钢伸缩缝的钢筋混凝土过渡段翻修,应增加 30kW 交流弧焊机 2.5 台班/t。

第二章
道路设施养护维修

说　明

一、本章适用于市政道路设施的养护维修工程,包括沥青混凝土面层、水泥混凝土面层、人行道、平侧石、各类基层等项目。

二、本章定额适用范围:

1. 沥青混凝土面层:

(1) 零星补洞:$S \leqslant 10\text{m}^2$;

(2) 大面积修补:$10\text{m}^2 < S \leqslant 400\text{m}^2$。

2. 水泥混凝土面层:

(1) 零星修补:小于一板块的翻修;

(2) 铺筑:$S \leqslant 200\text{m}^2$,适用整块板维修。

3. 人行道:$S \leqslant 200\text{m}^2$。

三、零星补洞或修补面积,均指单个维修面积。

四、人行道板翻铺定额中的主材按暂定50%回收利用计算,使用时根据实际回收利用率按比例调整人行道板主材消耗量,人工和其他材料不做调整。

五、平侧石按混凝土和石质综合考虑,材料根据实际调整。翻铺包含拆除垫层和主材铺设,主材按暂定50%回收利用计算,使用时根据实际回收利用率按比例调整平侧石主材消耗量,人工和其他材料不做调整。平侧石校正主材不调换,适用于抬高、降低及纠正参差不齐的平石、侧石。高度40cm及以上侧石按高侧石定额套用。

工程量计算规则

一、各类路面路基厚度均以压实为准,工程量按实铺面积计算,不扣除检查井、雨水口、闸门井等所占的面积和长度。

二、零星修补水泥混凝土面层按修补范围最大外接矩形面积计算。

三、沥青混凝土面层及水泥混凝土面层单个维修面积不足 $1m^2$ 的按 $1m^2$ 计算,人行道铺装面积单个维修面积不足 $0.5m^2$ 的按 $0.5m^2$ 计算。

四、水泥混凝土路面钻孔注浆按实际注浆料体积计算。

五、道路巡视、巡查按养护范围内的应巡视单向里程长度乘以次数计算,巡查频次根据不同养护等级及实际要求确定。

一、路 床 整 理

工作内容：1. 路床：路床不平处进行平整碾压；
　　　　　2. 路肩：整理边线横坡，人工夯实；
　　　　　3. 整理边坡：夯打密实；
　　　　　4. 平整场地：挖填坎坷不平处土方，并平整夯实。

计量单位：100m²

定 额 编 号			2-1	2-2	2-3	2-4
项　　目			路床整理碾压	路肩整理	边坡整理	平整场地
基　价（元）			**149.84**	**274.73**	**130.82**	**373.95**
其中	人　工　费（元）		126.90	274.73	130.82	373.95
	材　料　费（元）		—	—	—	—
	机　械　费（元）		22.94	—	—	—
名　称	单位	单价（元）		消 耗 量		
人工 二类人工	工日	135.00	0.94	2.035	0.969	2.770
机械 钢轮内燃压路机 8t	台班	353.82	0.039	—	—	—
钢轮内燃压路机 15t	台班	537.56	0.017	—	—	—

二、铺 设 基 层

工作内容：翻挖、清除废料、整平、放线、铺筑、洒水、碾压、清理场地。

计量单位：100m²

定 额 编 号			2-5	2-6	2-7	2-8
项　　目			铺设三渣基层		铺设塘渣基层	
			15cm	每增减1cm	15cm	每增减5cm
基　价（元）			**2 707.52**	**162.18**	**1 802.76**	**534.94**
其中	人　工　费（元）		481.01	21.87	616.41	173.88
	材　料　费（元）		2 102.58	140.31	1 083.22	361.06
	机　械　费（元）		123.93	—	103.13	—
名　称	单位	单价（元）		消 耗 量		
人工 二类人工	工日	135.00	3.563	0.162	4.566	1.288
材料 厂拌粉煤灰三渣	m³	136.00	15.300	1.020	—	—
水	m³	4.27	4.000	0.300	2.460	0.820
塘渣	t	34.95	—	—	30.631	10.210
其他材料费	元	1.00	4.700	0.310	2.160	0.720
机械 钢轮内燃压路机 8t	台班	353.82	0.212	—	0.176	—
钢轮内燃压路机 15t	台班	537.56	0.091	—	0.076	—

工作内容:翻挖、清除废料、整平、放线、铺筑、洒水、碾压、清理场地。　　　　　　　　计量单位:100m²

定 额 编 号				2-9	2-10	2-11	2-12
项　　目				铺设碎石基层		铺设砾石砂基层	
				15cm	每增减1cm	15cm	每增减1cm
基　价　(元)				**3 773.64**	**231.13**	**2 357.35**	**133.31**
其中	人　工　费　(元)			562.55	25.38	399.33	12.29
	材　料　费　(元)			3 089.12	205.75	1 814.00	121.02
	机　械　费　(元)			121.97	—	144.02	—
名　称		单位	单价(元)	消　耗　量			
人工	二类人工	工日	135.00	4.167	0.188	2.958	0.091
材料	碎石 综合	t	102.00	30.180	2.010	—	—
	砾石 40mm	t	67.96	—	—	26.530	1.770
	水	m³	4.27	2.520	0.170	2.580	0.170
机械	钢轮内燃压路机 8t	台班	353.82	0.208	—	0.246	—
	钢轮内燃压路机 15t	台班	537.56	0.090	—	0.106	—

工作内容:1.铺设基层:翻挖、清除废料、整平、放线、铺筑、洒水、碾压、清理场地;
　　　　　　2.铺设水泥稳定层:配料拌和,装运材料,人工摊铺,碾压,洒水养护。　　　计量单位:100m²

定 额 编 号				2-13	2-14	2-15	2-16
项　　目				铺设块石基层		铺设水泥碎石稳定层(5% 水泥含量)	
				30cm	每增减5cm	15cm	每增减1cm
基　价　(元)				**7 372.36**	**1 166.34**	**4 760.26**	**292.88**
其中	人　工　费　(元)			1 702.08	239.36	624.78	27.68
	材　料　费　(元)			5 548.31	926.98	3 885.69	258.08
	机　械　费　(元)			121.97	—	249.79	7.12
名　称		单位	单价(元)	消　耗　量			
人工	二类人工	工日	135.00	12.608	1.773	4.628	0.205
材料	块石	t	77.67	64.270	10.710	—	—
	碎石 40 以内	t	102.00	5.380	0.920	—	—
	普通硅酸盐水泥 P·O 42.5 综合	t	346.00	—	—	1.680	0.110
	黄砂 净砂	t	92.23	—	—	13.410	0.890
	碎石 综合	t	102.00	—	—	20.100	1.340
	水	m³	4.27	—	—	2.630	0.200
	其他材料费	元	1.00	7.700	1.290	6.180	0.400
机械	钢轮内燃压路机 8t	台班	353.82	0.208	—	0.246	—
	钢轮内燃压路机 15t	台班	537.56	0.090	—	0.106	—
	双锥反转出料混凝土搅拌机 350L	台班	192.31	—	—	0.550	0.037

工作内容:1.沥青稳定碎石基层:放样、清扫基层、摊铺、接茬、找平碾压、清理现场等;

2.铺设土工合成材料(土工布):清理平整基层、挖填锚固沟、场内运输、铺设土工布、缝合及锚固;

3.铺设土工合成材料(土工格栅):清理平整基层、场内运输、铺设土工格栅、固定土工格栅。

计量单位:100m²

定 额 编 号			2-17	2-18	2-19	2-20
项 目			铺设沥青稳定碎石基层		铺设土工合成材料	
			5cm	每增减1cm	土工布平铺	土工格栅平铺
基 价 (元)			**2 966.61**	**590.48**	**913.90**	**1 186.67**
其中	人 工 费 (元)		495.99	56.03	449.55	449.55
	材 料 费 (元)		2 191.30	510.04	464.35	737.12
	机 械 费 (元)		279.32	24.41	—	—
名 称	单位	单价(元)	消 耗 量			
人工 二类人工	工日	135.00	3.674	0.415	3.330	3.330
材料 石油沥青	t	2 672.00	0.300	0.060	—	—
碎石 综合	t	102.00	12.400	3.160	—	—
水	m³	4.27	0.680	0.140	—	—
土工布	m²	4.31	—	—	106.500	—
土工格栅	m²	6.81	—	—	—	107.000
其他材料费	元	1.00	122.000	26.800	5.330	8.450
机械 汽车式沥青喷洒机4 000L	台班	610.35	0.100	0.040	—	—
钢轮内燃压路机8t	台班	353.82	0.070	—	—	—
钢轮内燃压路机15t	台班	537.56	0.360	—	—	—

注:土工合成材料工艺按平铺针缝考虑,如采用搭接,主材消耗量乘以系数1.05;斜铺定额基价乘以系数1.05。

三、沥青混凝土面层

1.大面积修补

工作内容:旧路面清扫、摊铺、接缝处理、找平、点补、碾压、清理。

计量单位:100m²

定 额 编 号			2-21	2-22	2-23	2-24	2-25	2-26
项 目			厂拌人铺(厚度cm)					
			粗粒式		中粒式		细粒式	
			6	每增减1	5	每增减1	3	每增减0.5
基 价 (元)			**5 346.28**	**819.56**	**4 594.68**	**837.04**	**3 306.01**	**497.39**
其中	人 工 费 (元)		484.79	64.67	427.82	64.67	304.02	40.77
	材 料 费 (元)		4 534.73	754.89	3 865.83	772.37	2 739.55	456.62
	机 械 费 (元)		326.76	—	301.03	—	262.44	—
名 称	单位	单价(元)	消 耗 量					
人工 二类人工	工日	135.00	3.591	0.479	3.169	0.479	2.252	0.302
材料 粗粒式沥青混凝土	m³	733.00	6.120	1.020	—	—	—	—
中粒式沥青混凝土	m³	750.00	—	—	5.100	1.020	—	—
细粒式沥青混凝土	m³	888.00	—	—	—	—	3.060	0.510
柴油 0#	kg	5.09	7.350	1.050	6.030	1.050	3.150	0.530
其他材料费	元	1.00	11.360	1.890	10.140	2.030	6.240	1.040
机械 钢轮内燃压路机15t	台班	537.56	0.254	—	0.234	—	0.204	—
钢轮内燃压路机18t	台班	748.90	0.254	—	0.234	—	0.204	—

工作内容: 旧路面清扫、摊铺、接缝处理、找平、点补、碾压、清理。 计量单位:100m²

定 额 编 号			2-27	2-28	2-29	2-30	2-31	2-32
项 目			厂拌机铺(厚度 cm)					
			粗粒式		中粒式		细粒式	
			6	每增减 1	5	每增减 1	3	每增减 0.5
基 价 (元)			**5 137.03**	**795.66**	**4 409.24**	**813.16**	**3 207.46**	**482.00**
其中	人 工 费 (元)		303.21	40.77	267.84	40.77	190.08	25.38
	材 料 费 (元)		4 534.73	754.89	3 865.83	772.39	2 739.55	456.62
	机 械 费 (元)		299.09	—	275.57	—	277.83	—
名 称	单位	单价(元)	消 耗 量					
人工 二类人工	工日	135.00	2.246	0.302	1.984	0.302	1.408	0.188
材料 粗粒式沥青混凝土	m³	733.00	6.120	1.020	—	—	—	—
中粒式沥青混凝土	m³	750.00	—	—	5.100	1.020	—	—
细粒式沥青混凝土	m³	888.00	—	—	—	—	3.060	0.510
柴油 0#	kg	5.09	7.350	1.050	6.030	1.050	3.150	0.530
其他材料费	元	1.00	11.360	1.890	10.140	2.050	6.240	1.040
机械 沥青混凝土摊铺机 8t	台班	830.94	0.110	—	0.101	—	0.174	—
钢轮内燃压路机 8t	台班	353.82	0.233	—	0.215	—	0.094	—
钢轮内燃压路机 15t	台班	537.56	0.233	—	0.215	—	0.186	—

工作内容: 清扫下承层、运油、加热、喷洒、移动挡板、保护平侧石。 计量单位:100m²

定 额 编 号			2-33	2-34
项 目			黏层	
			石油沥青	乳化沥青
基 价 (元)			**238.13**	**275.66**
其中	人 工 费 (元)		71.55	71.55
	材 料 费 (元)		164.14	201.06
	机 械 费 (元)		2.44	3.05
名 称	单位	单价(元)	消 耗 量	
人工 二类人工	工日	135.00	0.530	0.530
材料 石油沥青	t	2 672.00	0.061	—
乳化沥青	kg	4.00	—	49.980
其他材料费	元	1.00	1.150	1.140
机械 汽车式沥青喷洒机 4 000L	台班	610.35	0.004	0.005

工作内容:1. 雾状封层:清扫基层、放样、保护侧平石、面层处理、初期养护、开放交通;

2. 稀浆封层:拌和、摊铺、围护。

计量单位:100m²

定　额　编　号				2-35	2-36
项　　目				预养护沥青表面封层处理	
				雾状封层	稀浆封层
基　价　(元)				**1 591.64**	**1 078.02**
其中	人　　　工　　　费　(元)			97.61	219.24
	材　　　料　　　费　(元)			1 373.70	780.79
	机　　　械　　　费　(元)			120.33	77.99
名　　称		单位	单价(元)	消　耗　量	
人工	二类人工	工日	135.00	0.723	1.624
材料	乳化沥青	t	3 621.60	—	0.198
	改性基质沥青	t	5 226.22	0.115	—
	水	m³	4.27	0.161	0.400
	矿粉	t	139.78	—	0.311
	石屑	t	38.83	—	0.400
	添加剂 A(SBR 乳胶)	t	37 600.00	0.005	—
	添加剂 B(乳化剂)	t	31 500.00	0.016	—
	其他材料费	元	1.00	80.000	3.000
机械	雾封层材料搅拌设备	台班	1 444.10	0.014	—
	4 000L 内液态沥青运输车	台班	526.82	—	0.036
	雾封层材料洒布机	台班	2 341.50	0.020	—
	2.5~3.5m 稀浆封层机	台班	2 970.63	—	0.014
	载货汽车 4t	台班	369.21	0.020	—
	洒水车 4 000L	台班	428.87	—	0.036
	小型机具使用费	元	1.00	45.900	2.000

2. 零 星 补 洞

工作内容:坑洞凿方、清除废渣、清扫、摊铺、接缝处理,找平、点补,碾压。

计量单位:10m²

定　额　编　号				2-37	2-38	2-39	2-40	2-41	2-42
项　　目				修补零星坑洞					
				粗粒式		中粒式		细粒式	
				6cm	每增减1cm	5cm	每增减1cm	3cm	每增减0.5cm
基　价　(元)				**648.27**	**83.33**	**556.04**	**85.19**	**428.99**	**50.39**
其中	人　　　工　　　费　(元)			76.14	3.92	72.36	3.92	57.78	2.30
	材　　　料　　　费　(元)			476.47	79.41	406.33	81.27	288.53	48.09
	机　　　械　　　费　(元)			95.66	—	77.35	—	82.68	—
名　　称		单位	单价(元)	消　耗　量					
人工	二类人工	工日	135.00	0.564	0.029	0.536	0.029	0.428	0.017
材料	粗粒式沥青混凝土	m³	733.00	0.648	0.108	—	—	—	—
	中粒式沥青混凝土	m³	750.00	—	—	0.540	0.108	—	—
	细粒式沥青混凝土	m³	888.00	—	—	—	—	0.324	0.054
	其他材料费	元	1.00	1.490	0.250	1.330	0.270	0.820	0.140
机械	钢轮内燃压路机 8t	台班	353.82	0.164	—	0.132	—	0.141	—
	钢轮内燃压路机 15t	台班	537.56	0.070	—	0.057	—	0.061	—

工作内容:清扫路基、保护侧缘石、摊铺、新旧路面边缘顺接、夯边、碾压、清理等。 计量单位:10m²

定　额　编　号					2-43	2-44
项　　目					热再生沥青零星补洞	
					4cm	每增减1cm
基　价　(元)					1 639.16	304.09
其中	人　工　费　(元)				255.96	10.40
	材　料　费　(元)				429.89	109.91
	机　械　费　(元)				953.31	183.78
	名　称	单位	单价(元)		消　耗　量	
人工	二类人工	工日	135.00		1.896	0.077
材料	乳化沥青	t	3 621.60		0.010	0.003
	细粒式沥青混凝土	m³	888.00		0.410	0.103
	其他材料费	元	1.00		29.590	7.580
机械	载货汽车 5t	台班	382.30		0.310	0.048
	吹风机 4m³/min	台班	21.11		0.510	0.236
	动力钻及液压镐	台班	310.43		0.462	0.148
	手扶式振动压实机 1t	台班	58.79		0.156	0.027
	就地热再生修补车	台班	2 016.35		0.333	0.056

3. 涂沥青漆

工作内容:运油、整理打扫基面、制作涂刷沥青漆。 计量单位:100m²

定　额　编　号				2-45
项　　目				人工涂沥青漆
基　价　(元)				340.46
其中	人　工　费　(元)			13.91
	材　料　费　(元)			326.55
	机　械　费　(元)			—
	名　称	单位	单价(元)	消　耗　量
人工	二类人工	工日	135.00	0.103
材料	煤	kg	0.60	4.200
	石油沥青	kg	2.67	40.000
	溶剂汽油	kg	5.40	40.000
	木柴	kg	0.16	4.200
	其他材料费	元	1.00	0.560

4. 沥青路面裂缝处理

工作内容:清除缝隙垃圾杂物、烘、灌填缝料、安放安全标志。　　　　　　　　　　　　计量单位:10m

定　额　编　号				2-46
项　　　　目				裂缝灌油
基　价　（元）				**10.50**
其中	人　　工　　费　（元）			9.99
	材　　料　　费　（元）			0.51
	机　　械　　费　（元）			—
名　　称	单位	单价(元)	消　耗　量	
人工	二类人工	工日	135.00	0.074
材料	石油沥青	kg	2.67	0.105
	煤	kg	0.60	0.200
	木柴	kg	0.16	0.500
	其他材料费	元	1.00	0.030

工作内容:1.热沥青灌缝:扩缝、清缝,烘、灌填缝料;
　　　　　2.封缝贴:清除缝隙垃圾杂物、涂刷基层清洁剂、烘干、贴防裂贴、压平。　　　计量单位:10m

定　额　编　号				2-47	2-48
项　　　　目				热沥青灌缝	封缝贴
基　价　（元）				**332.57**	**397.63**
其中	人　　工　　费　（元）			15.66	16.07
	材　　料　　费　（元）			34.24	363.60
	机　　械　　费　（元）			282.67	17.96
名　　称	单位	单价(元)	消　耗　量		
人工	二类人工	工日	135.00	0.116	0.119
材料	乳化沥青	kg	4.00	8.560	—
	封缝带	m	33.00	—	11.000
	其他材料费	元	1.00	—	0.600
机械	载货汽车 4t	台班	369.21	0.440	0.045
	锯缝机	台班	154.00	0.440	—
	沥青灌缝机	台班	99.70	0.440	—
	小型机具使用费	元	1.00	8.590	1.350

四、水泥混凝土面层

工作内容:模板制作、安拆,混凝土铺筑、振捣、抹面、草袋养生、清理。　　　　　　计量单位:100m²

定 额 编 号				2-49	2-50
项　　目				混凝土路面铺筑	
				22cm	每增减1cm
基　价　(元)				**10 869.97**	**555.50**
其中	人　　工　　费　(元)			3 378.11	146.21
	材　　料　　费　(元)			7 312.93	402.46
	机　　械　　费　(元)			178.93	6.83
	名　　称	单位	单价(元)	消　耗　量	
人工	二类人工	工日	135.00	25.023	1.083
材料	现浇现拌混凝土 C30(40)	m³	305.80	22.440	1.020
	木模板	m³	1 445.00	0.132	0.060
	水	m³	4.27	24.970	0.770
	草袋	个	3.62	40.000	—
	其他材料费	元	1.00	8.620	0.560
机械	混凝土振捣器 平板式	台班	12.54	2.000	0.008
	双锥反转出料混凝土搅拌机 350L	台班	192.31	0.800	0.035

工作内容:1.混凝土路面零星修补:凿除、清扫,混凝土拌和、浇捣、抹光、草袋养生、清理;
　　　　　2.快速混凝土补洞:翻挖、切边、整平、铺筑、振实、抹平、养护、切缝。　　计量单位:见表

定 额 编 号				2-51	2-52	2-53
项　　目				混凝土路面零星修补		快速混凝土补洞
				22cm	每增减1cm	
计 量 单 位				100m²	100m²	m³
基　价　(元)				**20 705.06**	**886.90**	**7 353.69**
其中	人　　工　　费　(元)			12 465.90	566.60	125.01
	材　　料　　费　(元)			8 239.16	320.30	7 161.49
	机　　械　　费　(元)			—	—	67.19
	名　　称	单位	单价(元)	消　耗　量		
人工	二类人工	工日	135.00	92.340	4.197	0.926
材料	快速混凝土 42.5级 坍落度35~50	m³	7 000.00	—	—	1.022
	现浇现拌混凝土 C30(40)	m³	305.80	22.660	1.030	—
	木模板	m³	1 445.00	0.720		—
	水	m³	4.27	27.470	1.248	—
	草袋	个	3.62	42.000		—
	其他材料费	元	1.00	—	—	7.490
机械	载货汽车 2t	台班	305.93	—	—	0.044
	锯缝机	台班	154.00			0.156
	内燃空气压缩机 3m³/min	台班	329.10			0.087
	手持式风动凿岩机	台班	12.36			0.087

工作内容:1.沥青玛瑞脂:清除缝隙垃圾杂物、调制沥青、拌和、灌填、缝面烫平;

2.PG封缝胶:清除缝隙垃圾杂物、嵌入泡沫背衬带,配置拌和PG胶,上料灌胶。　　　　**计量单位:**见表

定　额　编　号			2-54	2-55	2-56	2-57
项　　　　目			混凝土路面填缝料			
			沥青玛瑞脂		PG道路封缝胶	
			伸缝	缩缝	伸缝	缩缝
计　量　单　位			10m²	10m²	100m	100m
基　　价　　(元)			**1 104.05**	**713.54**	**2 608.11**	**1 368.20**
其中	人　工　费　(元)		280.80	300.92	620.19	500.18
	材　料　费　(元)		823.25	412.62	1 862.66	742.76
	机　械　费　(元)		—	—	125.26	125.26
名　称	单位	单价(元)	消　　耗　　量			
人工 二类人工	工日	135.00	2.080	2.229	4.594	3.705
材料 PG道路封缝胶	kg	21.29	—	—	85.470	34.230
泡沫条 φ30	m	0.86	—	—	50.000	—
泡沫条 φ8	m	0.28	—	—	—	50.000
石粉	t	20.00	0.127	0.064		
石棉	kg	3.92	126.000	63.000		
石油沥青 60#~100#	t	1 878.00	0.127	0.064		
煤	kg	0.60	0.032	0.016		
料 木柴	kg	0.16	3.200	1.600		
其他材料费	元	1.00	87.750	43.920		
机械 内燃空气压缩机 6m³/min	台班	417.52	—	—	0.300	0.300

工作内容:清扫路面、布孔、灰浆搅拌、钻孔、灌浆、封堵、养生。　　　　**计量单位:**见表

定　额　编　号			2-58	2-59
项　　　　目			水泥混凝土路面钻孔注浆	
			机械钻孔	注浆
计　量　单　位			m	m³
基　　价　　(元)			**81.92**	**382.22**
其中	人　工　费　(元)		40.77	34.56
	材　料　费　(元)		0.53	318.73
	机　械　费　(元)		40.62	28.93
名　称	单位	单价(元)	消　耗　量	
人工 二类人工	工日	135.00	0.302	0.256
材料 水	m³	4.27	0.120	0.396
普通硅酸盐水泥 P·O 42.5 综合	t	346.00	—	0.330
磨细粉煤灰	t	282.00	—	0.660
料 其他材料费	元	1.00	0.020	16.740
机 载货汽车 2t	台班	305.93	0.025	0.025
液压钻机 G-2A	台班	484.95	0.068	—
灰浆搅拌机 200L	台班	154.97		0.045
械 双液压注浆泵 PH2×5	台班	164.42	—	0.087

五、人　行　道

工作内容: 1. 翻铺:翻挖、清理、放线、运料、铺垫层及人行道板,扫缝、清理。

2. 铺设:放线、运料、铺垫层及人行道板,扫缝、清理。　　　　　　　　　　计量单位:100m²

定　额　编　号			2-60	2-61	2-62	2-63
项　目			翻铺人行道板(50%利用)		铺设人行道板	
			普通	彩色异型	普通	彩色异型
基　价　(元)			**3 927.34**	**4 753.71**	**5 225.17**	**6 368.29**
其中	人　工　费　(元)		1 796.04	2 145.42	1 448.28	1 637.55
	材　料　费　(元)		2 131.30	2 608.29	3 776.89	4 730.74
	机　械　费　(元)		—	—	—	—
名　称	单位	单价(元)	消　耗　量			
人工 二类人工	工日	135.00	13.304	15.892	10.728	12.130
材料 水泥砂浆 1:3	m³	238.10	2.040	2.040	2.040	2.040
人行道板 250×250×50	m²	31.90	51.500	—	103.000	—
人行道 S 砖 200×100×60	m²	39.91	—	53.000	—	106.000
其他材料费	元	1.00	2.730	7.340	5.470	14.560

工作内容: 翻挖、清理、放线、运料、铺垫层及人行道板,扫缝、清理。　　　　　　计量单位:100m²

定　额　编　号			2-64	2-65
项　目			翻铺花岗岩板	翻铺广场砖
基　价　(元)			**22 013.30**	**8 540.30**
其中	人　工　费　(元)		4 410.05	4 455.41
	材　料　费　(元)		17 048.50	3 620.91
	机　械　费　(元)		554.75	463.98
名　称	单位	单价(元)	消　耗　量	
人工 二类人工	工日	135.00	32.667	33.003
材料 白色硅酸盐水泥 42.5 二级白度	kg	0.59	0.010	0.010
水泥砂浆 1:1	m³	294.20	0.510	0.510
水泥砂浆 1:2	m³	268.85	2.020	—
水泥砂浆 1:3	m³	238.10	—	2.020
纯水泥浆	m³	430.36	0.100	0.100
花岗岩板	m²	159.00	102.000	—
广场砖 100×100	m²	28.45	—	102.000
煤油	kg	3.79	0.790	—
草酸	kg	3.88	1.000	—
硬白蜡	kg	5.00	3.950	—
石料切割锯片	片	27.17	0.216	—
风镐凿子	支	8.62	2.000	2.000
水	m³	4.27	3.000	2.600
其他材料费	元	1.00	31.800	16.620
机械 灰浆搅拌机 400L	台班	161.27	0.440	0.420
混凝土切缝机 7.5kW	台班	32.71	1.400	—
内燃空气压缩机 6m³/min	台班	417.52	0.996	0.896
手持式风动凿岩机	台班	12.36	1.792	1.792

工作内容:翻挖、整理、夯实、修边、拌制混凝土、铺筑、场内运输、清理。 　　　　　　　　计量单位:100m²

定 额 编 号				2-66	2-67
项 目				翻修水泥混凝土基础	
				10cm	每增减1cm
基 价 (元)				**7 258.23**	**673.64**
其中	人 工 费 (元)			3 269.57	275.54
	材 料 费 (元)			3 168.51	315.95
	机 械 费 (元)			820.15	82.15
	名 称	单位	单价(元)	消 耗 量	
人工	二类人工	工日	135.00	24.219	2.041
材料	现浇现拌混凝土 C30(40)	m³	305.80	10.200	1.020
	风镐凿子	支	8.62	4.000	0.400
	水	m³	4.27	2.100	—
	其他材料费	元	1.00	5.900	0.590
机械	机动翻斗车 1t	台班	197.36	0.723	0.073
	混凝土振捣器 平板式	台班	12.54	1.124	0.112
	内燃空气压缩机 6m³/min	台班	417.52	1.500	0.150
	手持式风动凿岩机	台班	12.36	3.000	0.300

工作内容:1.新装止车柱:挖洞、安装、柱脚填混凝土(砂浆)固定;

　　　　　　2.修复止车柱:起挖、安装、柱脚填混凝土(砂浆)固定。 　　　　　　　　　　计量单位:根

定 额 编 号				2-68	2-69
项 目				新装止车柱	修复止车柱
基 价 (元)				**80.50**	**14.69**
其中	人 工 费 (元)			71.96	10.40
	材 料 费 (元)			4.29	4.29
	机 械 费 (元)			4.25	—
	名 称	单位	单价(元)	消 耗 量	
人工	二类人工	工日	135.00	0.533	0.077
材料	止车柱	根	—	(1.000)	—
	水泥砂浆 1:3	m³	238.10	0.018	0.018
机械	混凝土切缝机 7.5kW	台班	32.71	0.130	—

六、平石、侧石

工作内容：1. 翻铺：翻挖、清理、放线、运料、铺垫层及平、侧石，扫缝、清理；

　　　　　　2. 铺设：放样、开槽夯实、拌料、铺砌、清理。　　　　　　　　　　计量单位：100m

定　额　编　号			2-70	2-71	2-72	2-73
项　　目			平石、侧石翻修(50% 利用)		平石、侧石铺设	
			侧石	平石	侧石	平石
基　价　(元)			**3 420.74**	**3 216.57**	**4 963.54**	**4 569.96**
其 中	人　　工　　费　　(元)		1 468.94	1 294.25	1 184.22	1 105.79
	材　　料　　费　　(元)		1 951.80	1 922.32	3 779.32	3 464.17
	机　　械　　费　　(元)		—	—	—	—
名　　称	单位	单价(元)	消　耗　量			
人工　二类人工	工日	135.00	10.881	9.587	8.772	8.191
材　　　　料　水泥砂浆 1:1	m³	294.20	0.051	0.055	0.051	0.055
水泥砂浆 1:3	m³	238.10	0.459	1.530	0.459	1.530
道路侧石 370×150×1 000	m	35.78	51.000		102.000	—
平石 500×500×120	m	30.17	—	51.000	—	102.000
其他材料费	元	1.00	2.730	3.180	5.470	6.360

工作内容：翻挖、整理、夯实垫层、铺砌、灌扫缝、清理。　　　　　　　　　　計量单位：100m

定　额　编　号			2-74	2-75
项　　目			平石、侧石校正	
			侧石	平石
基　价　(元)			**1 763.70**	**2 397.25**
其 中	人　　工　　费　　(元)		1 437.75	1 348.65
	材　　料　　费　　(元)		325.95	1 048.60
	机　　械　　费　　(元)		—	—
名　　称	单位	单价(元)	消　耗　量	
人工　二类人工	工日	135.00	10.650	9.990
材　　　　料　水泥砂浆 1:1	m³	294.20	0.051	0.055
水泥砂浆 1:3	m³	238.10	0.306	1.020
现浇现拌混凝土 C30(40)	m³	305.80	0.773	2.575
其他材料费	元	1.00	1.700	2.120

工作内容:挖槽、拌料、铺设、找平、清理。

计量单位:m³

定 额 编 号				2-76	2-77
项 目				平石、侧石垫层铺设	
				混凝土垫层	砂垫层
基 价 （元）				**462.21**	**231.95**
其中	人 工 费 （元）			141.75	56.70
	材 料 费 （元）			320.46	175.25
	机 械 费 （元）			—	—
名 称		单位	单价(元)	消 耗 量	
人工	二类人工	工日	135.00	1.050	0.420
材料	现浇现拌混凝土 C30(40)	m³	305.80	1.020	—
	黄砂 净砂（中粗砂）	t	102.00	—	1.680
	水	m³	4.27	0.200	0.160
	其他材料费	元	1.00	7.690	3.210

工作内容:放样、开槽夯实、拌料、机械铺砌、清理。

计量单位:100m

定 额 编 号				2-78
项 目				平石、侧石铺设
				高侧石
基 价 （元）				**6 205.20**
其中	人 工 费 （元）			1 087.83
	材 料 费 （元）			4 307.99
	机 械 费 （元）			809.38
名 称		单位	单价(元)	消 耗 量
人工	二类人工	工日	135.00	8.058
材料	水泥砂浆 1:1	m³	294.20	0.655
	道路高侧石 400×150×1 000	m	40.17	102.000
	其他材料费	元	1.00	17.950
机械	叉式起重机 3t	台班	404.69	2.000

七、砌 筑 树 池

工作内容：放样、开槽、配料、运料、安砌、勾缝、夯实、清理。   计量单位：10m

定 额 编 号				2-79	2-80	2-81
项　　目				混凝土块	石质块	单层立砖
基　价（元）				**50.99**	**85.84**	**84.69**
其中	人　工　费（元）			38.75	44.82	49.82
	材　料　费（元）			12.24	41.02	34.87
	机　械　费（元）			—	—	—
	名　称	单位	单价(元)	消　耗　量		
人工	二类人工	工日	135.00	0.287	0.332	0.369
材料	混凝土块 250×50×125	m	1.08	10.150	—	—
	石质块 25×5×12.5	m	3.78	—	10.150	—
	标准砖 240×115×53	千块	388.00	—	—	0.082
	水泥砂浆 1:3	m³	238.10	0.003	0.003	—
	水泥砂浆 M5.0	m³	212.41	—	—	0.010
	其他材料费	元	1.00	0.560	1.940	0.930

八、道 路 巡 视

工作内容：道路路面、附属设施的巡视检查，记录巡视检查结果，清理设施零星障碍物。   计量单位：km·次

定 额 编 号			2-82
项　　目			道路巡视检查
基　价（元）			**11.86**
其中	人　工　费（元）		5.13
	材　料　费（元）		—
	机　械　费（元）		6.73
	名　称	单位	单价(元)	消　耗　量
人工	二类人工	工日	135.00	0.038
机械	载货汽车 2t	台班	305.93	0.022

第三章
桥梁设施养护维修

说　　明

一、本章中型、小型桥梁指单跨桥跨径＜40m、多孔桥总长度＜100m 的桥梁以及人行天桥、人行地道。大型桥梁指单跨桥跨径≥40m、多孔桥总长度≥100m 的桥梁以及城市高架路、立交桥。

二、涵洞养护可参照本章定额相关子目。

三、通航河道的桥梁养护维修需汽艇配合时，费用按实计算。

四、桥梁护坡、翼墙的维修，可参照本定额第六章"河道护岸设施养护维修"相应定额子目。

五、搪瓷钢板调换维修参考本定额第四章"隧道设施养护维修"相应定额子目。

六、本定额中的工作内容除扼要说明施工的主要操作工序外，均包括场内运输、场地清理。

七、桥面及结构修补若采用钢纤维混凝土、快速混凝土等特种混凝土时，仍套用相应定额，混凝土种类及单价做相应调整。

八、伸缩缝施工如使用钢板维持交通，其费用可另计。

九、石栏板、石柱安装套用石栏杆安装定额，石材价格做相应调整。

十、沥青混凝土铣刨及修补桥面套用道路设施相应定额，人工乘以系数 1.15；如为城市高架路、立交桥时，还应增加 4t 载货汽车台班，其数量等同于该相应道路定额的压路机台班数量之和。

十一、大型桥梁调换进水口盖板、人工清捞进水口参照本定额第五章"排水设施养护维修"相应定额子目，并增加 4t 载货汽车调换盖板 5.5 台班/100 只，清捞进水口 0.25 台班/10 座。

十二、桥梁巡视用道路巡视定额，使用时乘以系数 1.15。

十三、本章定额中凡列有载货汽车台班的子目除另有说明外，只适用于城市高架路、立交桥，否则应扣除该汽车台班。

十四、常规定期检测费用、桥梁专项检查费用应按实计算。

十五、垂直电梯保养、扶梯电梯保养参考《电梯维护保养安全管理规范》DB33/T 728 - 2016，《电梯维护保养规则》TSG T5002 - 2017 要求，根据实际情况计价。

工程量计算规则

一、钢构件除锈油漆中钢结构、隔音屏钢骨架按展开面积计算;钢栏杆按外围面积(包括空隙面积)计算;防撞护栏钢管扶手按长度计算。

二、钢构件焊修按调换或加固所耗用的钢材重量以"t"计算。

三、混凝土栏杆粉刷按外围面积(包括空隙面积)以"m²"计算。

四、护罩保养、减震器固定、锚头换油,不论尺寸大小以"只"计算。

五、伸缩缝维修中除木丝板伸缩缝按面积计算外,其余均按不同型号以长度计算。

六、支座保养按不同型号以"只"计算。

一、桥　面

工作内容：1. 冷补沥青料修补：翻挖整理、凿边、铺筑、找平、夯实、封边；

　　　　　2. 聚氨酯沥青防水层：清理基底，涂刷聚氨酯沥青防水涂料等。　　　　　计量单位：100m²

	定　额　编　号			3-1	3-2	3-3
	项　　　目			人工摊铺冷补细粒沥青混凝土		聚氨酯沥青
				5cm	每增减 0.5cm	防水涂料
	基　价（元）			**15 130.03**	**1 250.03**	**5 103.34**
其 中	人　工　费		（元）	854.96	56.97	605.61
	材　料　费		（元）	12 430.76	1 193.06	4 338.30
	机　械　费		（元）	1 844.31	—	159.43
	名　　　称	单位	单价（元）	消　耗　量		
人 工	二类人工	工日	135.00	6.333	0.422	4.486
材 料	风镐凿子	支	8.62	1.520	0.150	—
	冷补细粒沥青混凝土	t	1 062.00	11.220	1.122	—
	聚氨酯沥青防水涂料	kg	14.65	—	—	296.130
	沥青灌缝胶	kg	5.00	100.000	—	—
	其他材料费	元	1.00	2.020	0.200	—
机 械	载货汽车 4t	台班	369.21	0.560	—	0.393
	内燃空气压缩机 6m³/min	台班	417.52	2.040	—	—
	手持式风动凿岩机	台班	12.36	4.080	—	—
	手扶式振动压实机 1t	台班	58.79	2.040	—	—
	路面智能融料机	台班	201.99	2.040	—	—
	沥青灌缝机	台班	99.70	2.040	—	—
	300kg 柏油喷布器	台班	43.42	—	—	0.330

工作内容:1.石板安装:拆除,清理基层表面,拌制砂浆,就位安装、校正、固定;

2.桥面修补:拆除、清理旧桥面,修补基层表面,铺装面层施工,现场清理;

3.喷涂彩色高分子聚合物防滑面层:除灰清理,彩色高分子聚合物路面喷涂。　　　　计量单位:见表

定 额 编 号			3-4	3-5	3-6	3-7
项　　目			石板(含石台阶)、阶沿石)安装	桥面修补		喷涂彩色高分子聚合物防滑面层
			10cm	大理石铺装桥面	瓷砖铺装桥面	2mm
计 量 单 位			10m²	10m²	10m²	100m²
基　价　(元)			**4 893.03**	**2 296.20**	**1 554.98**	**9 435.55**
其中	人　　工　　费　　(元)		1 692.63	639.36	848.61	168.75
	材　　料　　费　　(元)		3 078.56	1 424.17	402.84	9 100.00
	机　　械　　费　　(元)		121.84	232.67	303.53	166.80
名　　称	单位	单价(元)	消　耗　量			
人 二类人工	工日	135.00	12.538	4.736	6.286	1.250
材料 石质块料 10cm	m²	291.30	10.400	—	—	—
水泥砂浆 M5.0	m³	212.41	0.224	—	—	—
白色硅酸盐水泥 42.5 二级白度	kg	0.59	—	1.561	1.561	—
水泥砂浆 1:1	m³	294.20	—	—	0.091	—
水泥砂浆 1:2.5	m³	252.49	—	0.241	0.136	—
水	m³	4.27	—	0.204	0.204	—
镀锌铁丝 18#~22#	kg	6.55	—	8.058	—	—
铁件	kg	3.71	—	3.468	—	—
草酸	kg	3.88	—	0.122	—	—
石蜡	kg	5.00	—	0.255	—	—
煤油	kg	3.79	—	0.102	—	—
瓷砖 152×152	千块	392.00	—	—	0.465	—
强力胶 801 胶	kg	12.93	—	—	10.710	—
大理石板	m²	119.00	—	10.302	—	—
彩色高分子聚合物	kg	26.00	—	—	—	350.000
其他材料费	元	1.00	1.460	67.810	19.180	—
机械 载货汽车 4t	台班	369.21	0.330	0.592	0.786	0.125
灰浆搅拌机 200L	台班	154.97	—	0.091	0.086	—
喷涂机	台班	31.12	—	—	—	0.125
内燃空气压缩机 6m³/min	台班	417.52	—	—	—	0.125
汽油发电机组 6kW	台班	247.70	—	—	—	0.250
吹风机 4m³/min	台班	21.11	—	—	—	0.125

工作内容：1.桥面混凝土修补：拆除、清理旧桥面，修补基层表面，混凝土施工，现场清理；

2.防撞护栏伸缩缝胶泥修补：清理缝边，配制嵌缝，勾平等；

3.桥面伸缩缝清理：清除伸缩缝缝隙垃圾、泥土。　　　　　　　　　　计量单位：见表

定　额　编　号			3-8	3-9	3-10	3-11
项　　目			桥面混凝土修补		防撞护栏伸缩缝	桥面伸缩缝清理
			10cm	每增减1cm	胶泥修补	
计　量　单　位			m²	m²	10m	10m
基　价（元）			**345.60**	**14.92**	**285.78**	**135.40**
其中	人　工　费（元）		178.47	11.61	38.48	61.56
	材　料　费（元）		41.17	3.31	184.53	—
	机　械　费（元）		125.96	—	62.77	73.84
名　称	单位	单价（元）	消　耗　量			
人工　二类人工	工日	135.00	1.322	0.086	0.285	0.456
材料　现浇现拌混凝土 C40(40)	m³	330.72	0.102	0.010	—	—
聚氨酯密封胶	kg	17.23	—	—	10.710	—
风镐凿子	支	8.62	0.350	—	—	—
草袋	个	3.62	1.210	—	—	—
水	m³	4.27	0.010	—	—	—
机械　载货汽车 4t	台班	369.21	0.101	—	0.170	0.200
内燃空气压缩机 6m³/min	台班	417.52	0.200	—	—	—
手持式风动凿岩机	台班	12.36	0.400	—	—	—
混凝土振捣器 平板式	台班	12.54	0.018	—	—	—

工作内容:1. 型钢伸缩缝、梳型钢板伸缩缝调换:拆除旧缝,清洗,配料,断料,连接,安装;
   2. 鸟型橡胶止水带调换:拆除橡胶带,清理,裁料,安装橡胶带;
   3. 长条型橡胶止水带调换:钢板拆除,拆除橡胶止水带,更换橡胶止水带,钢板安装等;
   4. 梳型伸缩缝保养:润滑,螺栓紧固。

计量单位:见表

定 额 编 号			3-12	3-13	3-14	3-15	3-16
项 目			伸缩缝调换				梳型伸缩缝保养
			型钢伸缩缝	鸟型橡胶止水带	梳型钢板伸缩缝	长条型橡胶止水带	
计 量 单 位			10m	10m	10m	10m	m
基 价 (元)			**9 036.21**	**873.19**	**23 140.77**	**2 321.01**	**24.35**
其中	人 工 费 (元)		766.26	175.10	1 063.80	700.25	13.50
	材 料 费 (元)		7 779.98	646.40	22 011.03	1 414.00	1.62
	机 械 费 (元)		489.97	51.69	65.94	206.76	9.23
名 称	单位	单价(元)	消 耗 量				
人工 二类人工	工日	135.00	5.676	1.297	7.880	5.187	0.100
材料 钢筋 综合	kg	3.04	25.020	—	140.000	—	—
金属膨胀管 φ12	只	3.36	32.960	—	—	—	—
型钢伸缩缝 YFF80	m	750.00	10.100	—	—	—	—
鸟型橡胶止水带 YPP80	m	64.00	—	10.100	—	—	—
橡胶条 200×10	m	140.00	—	—	—	10.100	—
梳型钢板伸缩缝	m	2 133.00	—	—	10.100	—	—
电焊条	kg	4.31	3.630	—	8.000	—	—
氧气	m³	3.62	0.371	—	1.130	—	—
乙炔气	m³	8.90	0.133	—	0.400	—	—
密封油膏	kg	5.86	—	—	—	—	0.100
橡胶垫片 250 宽	m	1.03	—	—	—	—	1.000
机械 载货汽车 4t	台班	369.21	0.456	0.140	0.050	0.560	0.025
交流弧焊机 32kV·A	台班	92.84	0.780	—	—	—	—
汽车式起重机 5t	台班	366.47	0.680	—	—	—	—
钢筋切断机 40mm	台班	43.28	—	—	0.300	—	—
电焊机 综合	台班	115.00	—	—	0.300	—	—

注:伸缩缝调换时牵涉的过渡段混凝土调换,可参照桥面混凝土修补定额。

二、钢筋混凝土结构

工作内容:1. 环氧修补细裂缝:刷环氧冷底子油,拌制环氧浆液,补缝等;

2. 修补露筋、缺损:凿除松动部分,刷环氧冷底子油,混合料配制,修补。　　　　　　　计量单位:见表

定 额 编 号			3-17	3-18	3-19	3-20	3-21
项 目			环氧修补细裂缝	环氧砂浆修补露筋		环氧混凝土修补缺损	
				厚度2cm	每增减0.5cm	厚度5cm	每增减0.5cm
计 量 单 位			10m	10m²	10m²	10m²	10m²
基 价 (元)			**1 339.87**	**3 500.42**	**591.30**	**4 286.15**	**282.90**
其中	人 工 费 (元)		353.97	481.01	78.17	1 402.79	91.26
	材 料 费 (元)		18.95	2 052.46	513.13	1 916.41	191.64
	机 械 费 (元)		966.95	966.95	—	966.95	—
名 称	单位	单价(元)	消 耗 量				
人工 二类人工	工日	135.00	2.622	3.563	0.579	10.391	0.676
材料 环氧树脂	kg	15.52	0.570	103.800	25.950	79.000	7.900
普通硅酸盐水泥 P·O 42.5 综合	kg	0.34	0.170	—	—	98.750	9.875
固化剂	kg	30.69	0.290	0.210	0.053	—	—
丙酮	kg	8.16	0.140	12.000	3.000	21.380	2.138
黄砂 净砂	t	92.23	—	—	—	0.210	0.021
石屑	t	38.83	—	—	—	0.300	0.030
木模板	m³	1 445.00	—	—	—	0.100	0.010
乙二胺硬化剂	kg	15.24	—	8.500	2.125	20.130	2.013
石英砂 综合	kg	0.97	—	214.000	53.500	—	—
机械 曲臂登高车	台班	966.95	1.000	1.000	—	1.000	—

注:若环氧修补细裂缝、环氧砂浆修补露筋、环氧混凝土修补缺损不需要登高设备,则扣除曲臂登高车的机械费。

工作内容:1.灌浆封闭:注浆器注胶,密封胶封缝,压气(水)检查,注浆器灌注胶,养护;

　　　　　　2.空气压力灌注:环氧胶泥封缝,压气(水)检查,空气压灌,养护;

　　　　　　3.封涂封闭:成品密封胶涂刷及养护。　　　　　　　　　　　　计量单位:100m

定　额　编　号			3-22	3-23	3-24
项　　目			灌浆封闭注浆器注入灌注胶	灌浆封闭空气压力灌注环氧树脂	封涂封闭密封胶
			0.2mm≤δ≤0.5mm		δ≤0.2mm
基　价　(元)			**11 405.65**	**12 010.59**	**3 806.14**
其中	人　工　费 (元)		4 860.00	5 535.00	2 835.00
	材　料　费 (元)		4 091.77	1 037.74	266.45
	机　械　费 (元)		2 453.88	5 437.85	704.69
名　称	单位	单价(元)	消耗量		
人工	二类人工	工日	135.00	36.000	41.000	21.000

名　称	单位	单价(元)			
环氧树脂	kg	15.52	—	54.380	—
电	kW·h	0.78	5.000	5.000	5.000
灌封胶	kg	43.58	34.680	—	—
注胶器	个	24.37	80.000	—	—
注胶座	个	1.03	420.000	—	—
密封胶	kg	11.12	11.800	—	22.100
普通硅酸盐水泥 P·O 42.5 综合	t	346.00	—	0.010	—
其他材料费	元	1.00	63.100	186.400	16.800
载货汽车 4t	台班	369.21	3.730	3.520	1.560
电动空气压缩机 1m³/min	台班	48.22	3.230	2.080	2.010
内燃空气压缩机 3m³/min	台班	329.10	—	9.780	—
手提式冲击钻	台班	67.76	13.000	11.500	—
其他机械费	元	1.00	40.100	40.100	31.800

注:灌浆封闭、封涂封闭未包含登高设备,如发生时可另行计取。

工作内容:水泥混凝土结构及砖结构修补:凿除损坏部分,整理,清洗,水泥混凝土或砂浆修补、养生。

计量单位:10m³

	定 额 编 号			3-25	3-26
	项 目			水泥混凝土结构修补	砖结构维修
	基 价 (元)			**12 220.15**	**5 541.78**
其 中	人 工 费 (元)			5 348.03	2 199.96
	材 料 费 (元)			3 965.55	2 864.51
	机 械 费 (元)			2 906.57	477.31
	名 称	单位	单价(元)	消 耗 量	
人 工	二类人工	工日	135.00	39.615	16.296
材 料	木模板	m³	1 445.00	0.100	—
	圆钉	kg	4.74	0.600	—
	铁件	kg	3.71	14.300	—
	风镐凿子	支	8.62	16.800	—
	草袋	个	3.62	130.000	—
	现浇现拌混凝土 C30(40)	m³	305.80	10.300	—
	标准砖 240×115×53	千块	388.00	—	5.720
	水泥砂浆 M10.0	m³	222.61	—	2.760
	水	m³	4.27	—	7.200
机 械	混凝土振捣器 插入式	台班	4.65	11.000	—
	内燃空气压缩机 6m³/min	台班	417.52	5.100	—
	手持式风动凿岩机	台班	12.36	10.200	—
	木船 20t	台班	60.00	10.000	—
	灰浆搅拌机 200L	台班	154.97	—	3.080

注:水泥混凝土结构及砖结构修补未包含登高设备,如发生时可另行计取。

三、钢 结 构

工作内容:1.油漆:铲除铁锈、翘皮、粘裂、老化的油漆,分层刷漆;

2.焊修:割除损坏部分,边口整理,钢构件材料配制,坡口焊接,接头整理等。　　　　计量单位:见表

定 额 编 号			3-27	3-28
项 目			油漆	焊修
			钢结构	
计 量 单 位			10m²	t
基 价 (元)			**2 175.18**	**8 999.67**
其 中	人 工 费 (元)		1 846.80	3 878.28
	材 料 费 (元)		315.84	4 833.59
	机 械 费 (元)		12.54	287.80
名 称	单位	单价(元)	消 耗 量	
人工 二类人工	工日	135.00	13.680	28.728
材 稀释剂	kg	12.07	0.510	—
环氧富锌底漆 702	kg	23.09	6.900	—
环氧云铁底漆 842	kg	17.50	3.450	—
氯化橡胶面漆	kg	20.69	4.140	—
溶剂油	kg	2.29	1.060	—
型钢 综合	kg	3.84	—	1 090.000
氧气	m³	3.62	—	11.504
乙炔气	m³	8.90	—	4.108
电焊条	kg	4.31	—	132.200
料 其他材料费	元	1.00	1.900	—
机 液压升降机 9m	台班	25.07	0.500	—
械 交流弧焊机 32kV·A	台班	92.84	—	3.100

注:钢结构焊修未包含登高设备,如发生时可另行计取。

工作内容:1.锚头换油:拆装锚头盖板,清除废油,除尘揩净,环氧涂刷,涂抹黄油等;
　　　　　2.锚箱检修:打开锚箱,清除废油除锈揩净;覆上盖板,喷漆一底二面等;
　　　　　3.护罩保养:除锈,防锈漆一度,面漆二度,螺栓调换,护套与拉索接缝处密封胶封口;
　　　　　4.拉索减震器固定:将减震器固定,护套与拉索接缝处密封胶封口等。

计量单位:只

定　额　编　号			3-29	3-30	3-31	3-32
项　　　目			拉索桥			
			锚头换油	锚箱检修	护罩保养	减震器固定
基　价　（元）			**125.36**	**154.68**	**99.38**	**83.60**
其中	人　工　费　（元）		104.22	151.88	43.20	44.96
	材　料　费　（元）		21.14	2.80	19.26	1.72
	机　械　费　（元）		—	—	36.92	36.92
名　称	单位	单价(元)	消　耗　量			
人工	二类人工	工日	135.00	0.772	1.125	0.320	0.333
材料	黄油	kg	9.05	1.578	—	—	—
	锚头螺栓	套	1.80	1.000	—	—	—
	环氧树脂	kg	15.52	0.300	—	—	—
	六角带帽螺栓 M8	套	0.44	—	4.167	—	—
	喷漆	kg	12.93	—	0.025	—	—
	护罩螺栓	套	0.72	—	—	4.000	—
	聚氨酯密封胶	kg	17.23	—	—	0.100	0.100
	红丹防锈漆	kg	6.90	—	—	0.500	—
	调和漆	kg	11.21	—	—	1.000	—
	其他材料费	元	1.00	0.400	0.640	—	—
机械	载货汽车 4t	台班	369.21	—	—	0.100	0.100

注:拉索桥锚头换油、拉索桥锚箱检修、拉索桥罩保养、拉索桥减震器固定未包含登高设备,如发生时可另行计取。

四、饰面与防滑条

工作内容:墙面砖、花岗岩、地砖:凿除损坏部分,清理,拌制砂浆,抹平,砍打及磨光块料边缘,镶贴,修嵌缝隙,打蜡擦亮。

计量单位:10m²

定额编号			3-33	3-34	3-35
项　目			墙面砖	花岗岩	地砖
基　价（元）			**962.16**	**2 237.89**	**1 243.06**
其中	人　工　费（元）		630.05	468.72	370.17
	材　料　费（元）		332.11	1 769.17	872.89
	机　械　费（元）		—	—	—
名　称	单位	单价(元)	消　耗　量		
人工　二类人工	工日	135.00	4.667	3.472	2.742
材料　水泥砂浆 1:1	m³	294.20	0.089	—	0.610
水泥砂浆 1:2	m³	268.85	0.133	0.241	0.202
107 胶纯水泥浆	m³	490.56	—	0.031	—
白色硅酸盐水泥 42.5 二级白度	kg	0.59	1.530	1.561	—
釉面砖	m²	19.91	10.600	—	—
石料切割锯片	片	27.17	0.100	0.910	—
SG791 胶水	kg	5.17	10.500	—	—
花岗岩板	m²	159.00	—	10.400	—
带防滑条地砖	m²	61.03	—	—	10.400
草酸	kg	3.88	—	0.122	—
石蜡	kg	5.00	—	0.255	—
煤油	kg	3.79	—	0.608	—
水	m³	4.27	0.200	0.204	—
其他材料费	元	1.00	0.360	5.000	4.410

注:砂浆饰面套用第六章河道护岸设施养护维修相关子目。

工作内容:斩假石、拉毛:清理及修补基层表面,拌制砂浆,抹灰,饰面等。

计量单位:10m²

定额编号			3-36	3-37
项　目			斩假石	拉毛
基　价（元）			**1 595.91**	**315.55**
其中	人　工　费（元）		1 510.79	249.35
	材　料　费（元）		85.12	66.20
	机　械　费（元）		—	—
名　称	单位	单价(元)	消　耗　量	
人工　二类人工	工日	135.00	11.191	1.847
材料　白水泥白石屑浆 1:2	m³	393.35	0.107	—
水泥砂浆 1:2	m³	268.85	0.132	0.128
107 胶纯水泥浆	m³	490.56	0.010	0.023
混合砂浆 1:0.5:1	m³	310.12	—	0.062
水	m³	4.27	0.500	0.300
其他材料费	元	1.00	0.500	—

工作内容:防滑条、橡胶条更换:拆除、清理,钻孔,裁料,刷胶、安装。　　　　　　　　　　计量单位:10m

					3-38	3-39
定　额　编　号					3-38	3-39
项　　目					台阶	
					角钢防滑条更换	橡胶条更换
基　价　(元)					**323.27**	**328.77**
其中	人　　工　　费　(元)				192.38	230.85
	材　　料　　费　(元)				130.89	97.92
	机　　械　　费　(元)				—	—
	名　　　称	单位	单价(元)		消　耗　量	
人工	二类人工	工日	135.00		1.425	1.710
材料	型钢 综合	kg	3.84		32.120	—
	SG791 胶水	kg	5.17		—	1.500
	橡胶防滑条	m	7.59		—	10.500
	塑料膨胀管 $\phi6$	只	0.05		40.000	40.000
	丙酮	kg	8.16		—	0.500
	氧气	m³	3.62		0.186	—
	乙炔气	m³	8.90		0.066	—
	其他材料费	元	1.00		4.290	4.390

五、栏杆与护栏

工作内容：1. 花板：模板安拆,钢筋制作、安装,混凝土拌和、浇筑、养生,构建运输、安装、砂浆抹面;
　　　　　2. 端柱修理：模板安拆,钢筋制作安装,混凝土拌和、浇筑、养生;
　　　　　3. 混凝土栏杆粉刷：铲除原涂料,清扫,打底,刮腻子,磨砂纸,刷涂料。　　　　　　计量单位：见表

定 额 编 号			3-40	3-41	3-42
项　　　　目			钢筋混凝土花板	钢筋混凝土端柱	混凝土栏杆涂料粉刷
			制作、安装		
计 量 单 位			10m	m³	10m²
基　　价　（元）			**3 906.05**	**2 023.98**	**411.14**
其中	人　　工　　费　（元）		2 200.77	921.92	135.81
	材　　料　　费　（元）		1 431.86	664.67	194.10
	机　　械　　费　（元）		273.42	437.39	81.23
名　　称	单位	单价(元)	消　耗　量		
人工	二类人工	工日	135.00	16.302	6.829	1.006
材料	现浇现拌混凝土 C30(40)	m³	305.80	1.170	1.020	—
	水泥砂浆 1:2	m³	268.85	0.110	—	—
	木模板	m³	1 445.00	0.080	0.102	—
	钢筋 φ10 以内	kg	3.99	167.000	44.030	—
	圆钉	kg	4.74	22.400	3.100	—
	白色硅酸盐水泥 42.5 二级白度	kg	0.59	—	—	3.360
	丙烯酸面漆	kg	36.00	—	—	5.060
	SG791 胶水	kg	5.17	—	—	1.500
	草袋	个	3.62	42.800	4.000	—
	水	m³	4.27	0.294	0.120	—
	其他材料费	元	1.00	0.200	—	2.200
机械	载货汽车 4t	台班	369.21	0.650	1.050	0.220
	混凝土振捣器 平板式	台班	12.54	0.200	0.300	—
	混凝土振捣器 插入式	台班	4.65	0.600	0.110	—
	钢筋切断机 40mm	台班	43.28	0.650	1.050	—

工作内容：1. 栏杆及扶手制安：放样、配料、切割、撅制、焊接、定位、现浇混凝土栏柱、沿石、安装；

2. 钢栏杆焊修：割除损坏部分、边口整理、材料配制、坡口焊接、接头整理；

3. 石栏杆安装：拆除原栏杆、清理基层表面、拌制砂浆、就位安装、校正、固定。　　　　　　　　　　**计量单位**：见表

定　额　编　号			3-43	3-44	3-45	3-46
项　　目			钢栏杆（型钢结构）		不锈钢扶手	石栏杆
			制作、安装	焊修	制作、安装	安装
计　量　单　位			10m	t	10m	m³
基　　价　（元）			**5 736.66**	**11 925.02**	**1 444.28**	**3 878.64**
其中	人　工　费（元）		2 454.71	6 209.87	282.15	717.93
	材　料　费（元）		2 899.96	5 080.45	735.59	3 038.87
	机　械　费（元）		381.99	634.70	426.54	121.84
名　称	单位	单价(元)	消　耗　量			
人工 二类人工	工日	135.00	18.183	45.999	2.090	5.318
材料 现浇现拌混凝土 C30(40)	m³	305.80	0.710	—	—	—
水泥砂浆 M5.0	m³	212.41	—	—	—	0.044
型钢 综合	kg	3.84	350.000	1 050.000	—	—
不锈钢管 φ76	m	22.97	—	—	20.892	—
不锈钢管 φ50	m	10.10	—	—	12.851	—
钢筋 φ10 以内	kg	3.99	151.300	—	—	—
钢管 φ100×4	kg	3.88	103.600	—	—	—
圆钉	kg	4.74	27.000	—	—	—
镀锌铁丝 22#	kg	6.55	0.770	—	—	—
木模板	m³	1 445.00	0.040	—	—	—
乙炔气	m³	8.90	1.855	3.976	0.928	—
氧气	m³	3.62	5.195	11.133	2.598	—
草袋	个	3.62	21.000	—	—	—
电焊条	kg	4.31	7.200	225.700	—	—
不锈钢焊条 综合	kg	37.07	—	—	2.920	—
石质块料	m³	2 913.00	—	—	—	1.040
机械 载货汽车 4t	台班	369.21	0.650	0.930	0.650	0.330
混凝土振捣器 插入式	台班	4.65	1.300	—	—	—
直流弧焊机 32kW	台班	97.11	1.400	3.000	—	—
氩弧焊机 500A	台班	97.67	—	—	1.910	—

注：石栏杆定额组价的石料价格按石质块料取价，如用于石栏杆柱或石料有雕花等，可根据实际规格调整石质块料尺寸及单价。

工作内容：1. 防撞护栏扶手调换：切割损坏栏杆，制作、安装新栏杆；
2. 防撞护栏扶手校正：凿除碎裂混凝土，扶手复位焊接，修补混凝土。　　　　　　　计量单位：10m

定　额　编　号				3-47	3-48
项　　　　目				防撞护栏钢管扶手	
				调换	校正
基　价（元）				**2 062.16**	**590.92**
其中	人　工　费（元）			998.87	205.47
	材　料　费（元）			740.12	24.99
	机　械　费（元）			323.17	360.46
名　称		单位	单价(元)	消　耗　量	
人工	二类人工	工日	135.00	7.399	1.522
材料	型钢 综合	kg	3.84	17.340	—
	钢管 φ100×4	kg	3.88	132.440	—
	普通硅酸盐水泥 P·O 42.5 综合	kg	0.34	33.330	25.000
	黄砂 净砂	t	92.23	0.070	0.050
	电焊条	kg	4.31	1.380	1.000
	乙炔气	m³	8.90	0.398	0.398
	氧气	m³	3.62	1.113	1.113
	溶剂油	kg	2.29	0.310	—
	稀释剂	kg	12.07	0.190	—
	环氧云铁底漆 842	kg	17.50	1.360	—
	丙烯酸面漆	kg	36.00	2.710	—
	其他材料费	元	1.00	4.000	—
机械	载货汽车 4t	台班	369.21	0.649	0.750
	交流弧焊机 32kV·A	台班	92.84	0.900	0.900

工作内容：1. 钢栏杆及防撞护栏扶手油漆：铲除铁锈及老化的油漆，涂刷底漆一度，面漆二度；
2. 隔音屏钢骨架及花盆托架：铲除铁锈及托架及老化的油漆，底漆一度，面漆一度。　　　　计量单位：见表

定　额　编　号				3-49	3-50	3-51	3-52
项　　　　目				钢栏杆	防撞护栏钢管扶手	隔音屏钢骨架	花盆托架
				油漆		除锈、油漆	
计　量　单　位				10m²	10m	10m²	100 只
基　价（元）				**734.10**	**223.73**	**3 557.95**	**1 817.29**
其中	人　工　费（元）			607.91	90.86	661.77	1 092.69
	材　料　费（元）			44.96	128.44	29.96	462.46
	机　械　费（元）			81.23	4.43	2 866.22	262.14
名　称		单位	单价(元)	消　耗　量			
人工	二类人工	工日	135.00	4.503	0.673	4.902	8.094
材料	溶剂油	kg	2.29	0.170	0.313	0.310	1.340
	调和漆	kg	11.21	1.840	—	1.700	—
	红丹防锈漆	kg	6.90	1.350	—	1.260	8.100
	稀释剂	kg	12.07	—	0.188	—	—
	环氧云铁底漆 842	kg	17.50	—	1.357	—	—
	丙烯酸面漆	kg	36.00	—	2.714	—	9.900
	铁砂皮	张	1.33	11.000	—	—	—
	其他材料费	元	1.00	—	4.000	1.500	47.100
机械	载货汽车 4t	台班	369.21	0.220	0.012	0.430	0.710
	曲臂登高车	台班	966.95	—	—	2.800	—

六、支座保养

工作内容: 1.钢滚轴式支座及摆柱式支座:清除支座周围垃圾,清洁支座,除锈,油漆,更换新黄油等;
2.橡胶支座保养:清除支座周围垃圾,清洁支座。

计量单位:只

定　额　编　号			3-53	3-54	3-55	3-56	3-57
项　目			支座保养		橡胶支座保养		
			钢滚轴式支座	摆柱式支座	中型、小型桥梁	大型桥梁	
						15m 以下	15m 以上
基　价　(元)			**141.36**	**98.69**	**33.00**	**39.20**	**205.19**
其中	人　工　费　(元)		81.00	81.00	32.40	9.59	9.59
	材　料　费　(元)		54.36	14.09	—	0.60	0.60
	机　械　费　(元)		6.00	3.60	0.60	29.01	195.00
名　称	单位	单价(元)	消　耗　量				
人工　二类人工	工日	135.00	0.600	0.600	0.240	0.071	0.071
材料　溶剂油	kg	2.29	0.300	—	—	—	—
调和漆	kg	11.21	1.200	—	—	—	—
煤油	kg	3.79	1.000	0.200	—	—	—
黄油	kg	9.05	3.000	0.600	—	—	—
红丹防锈漆	kg	6.90	1.200	1.000	—	—	—
其他材料费	元	1.00	1.000	1.000	—	0.600	0.600
机械　木船20t	台班	60.00	0.100	0.060	0.010	—	—
曲臂登高车	台班	966.95	—	—	—	0.030	—
桥梁检测车	台班	6 500.00	—	—	—	—	0.030

工作内容: 盆式支座保养:清除支座周围垃圾,除锈,油漆(一底二面)。

计量单位:只

定　额　编　号			3-58	3-59
项　目			大型桥梁盆式支座保养	
			15m 以下	15m 以上
基　价　(元)			**376.60**	**1 759.86**
其中	人　工　费　(元)		79.79	79.79
	材　料　费　(元)		55.07	55.07
	机　械　费　(元)		241.74	1 625.00
名　称	单位	单价(元)	消　耗　量	
人工　二类人工	工日	135.00	0.591	0.591
材料　溶剂油	kg	2.29	0.250	0.250
环氧云铁底漆842	kg	17.50	1.000	1.000
丙烯酸面漆	kg	36.00	1.000	1.000
其他材料费	元	1.00	1.000	1.000
机械　曲臂登高车	台班	966.95	0.250	—
桥梁检测车	台班	6 500.00	—	0.250

七、桥 上 排 水

工作内容:1.排水管调换:拆除原排水管,疏通管道,放样,打眼钻孔,安装PVC管,接口涂胶封口等;
　　　　　2.集水斗调换:拆除原集水斗,调换螺栓,安装PVC集水斗,接口涂胶封口等;
　　　　　3.集水斗清捞:清除集水斗中的垃圾和杂物等。　　　　　　　　计量单位:见表

定　额　编　号			3-60	3-61	3-62
项　　　目			排水管调换	集水斗	
			φ160	调换	清捞
计　量　单　位			10m	只	只
基　　价　（元）			**1 281.01**	**150.23**	**25.15**
其中	人　工　费　（元）		146.21	38.48	5.81
	材　料　费　（元）		725.50	67.50	—
	机　械　费　（元）		409.30	44.25	19.34
名　　称	单位	单价(元)	消　耗　量		
人工 二类人工	工日	135.00	1.083	0.285	0.043
材料 金属膨胀管 φ12	只	3.36	26.000	4.000	—
PVC 集水斗	个	15.93	—	1.000	—
PVC 管材 φ160	m	38.05	10.100	0.250	—
管箍 φ160	只	7.08	13.000	1.000	—
弯头 φ160	只	21.24	4.400	1.000	—
缩节 φ160	只	19.47	3.100	—	—
PVC 胶水	kg	25.86	0.070	0.005	—
塑料焊条	kg	8.03	0.140	0.021	—
乙炔气	m³	8.90	0.265	—	—
氧气	m³	3.62	0.742	—	—
机械 载货汽车 4t	台班	369.21	0.300	0.030	—
曲臂登高车	台班	966.95	0.300	0.033	0.020
电锤	台班	6.92	0.200	0.030	—
塑料电焊机	台班	35.34	0.200	0.030	

八、附 属 设 施

工作内容:防撞墙伸缩缝遮板:拆除,维修,更换安装。 计量单位:块

定 额 编 号			3-63	3-64
项 目			防撞墙伸缩缝	
			钢遮板维修更换	竖琴式遮板维修更换
基 价 （元）			**89.67**	**124.72**
其中	人 工 费 （元）		17.96	36.05
	材 料 费 （元）		49.12	42.80
	机 械 费 （元）		22.59	45.87
名 称	单位	单价(元)	消 耗 量	
人工 二类人工	工日	135.00	0.133	0.267
材 料 金属膨胀螺栓	套	0.48	4.000	—
不锈钢板 304 δ1.0	m²	118.00	0.400	—
氟丁橡胶板 δ1.0	m²	9.70	—	0.300
铝合金压条 综合	m	18.10	—	1.200
不锈钢板 304 δ3.0	m²	355.00	—	0.040
金属膨胀螺栓 M6	套	0.19	—	16.000
金属膨胀螺栓 M8	套	0.31	—	3.000
机 械 载货汽车 4t	台班	369.21	0.033	0.067
汽油发电机组 6kW	台班	247.70	0.033	0.067
手提式冲击钻	台班	67.76	0.033	0.067

工作内容:1.防抛网、防眩板:拆除,安装,清理等;
 2.隔音屏调换:拆除,放样,打眼钻孔,立柱更换,玻璃安装,吸音板安装。 计量单位:见表

定 额 编 号			3-65	3-66	3-67
项 目			防抛网调换	防眩板调换	隔音屏调换
计 量 单 位			10m²	块	10m²
基 价 （元）			**2 376.34**	**30.27**	**2 022.26**
其中	人 工 费 （元）		202.50	6.75	1 866.78
	材 料 费 （元）		2 100.00	19.83	117.73
	机 械 费 （元）		73.84	3.69	37.75
名 称	单位	单价(元)	消 耗 量		
人工 二类人工	工日	135.00	1.500	0.050	13.828
材 料 防抛网	m²	210.00	10.000	—	—
防眩板 800×180×1.5	块	19.83	—	1.000	—
其他材料费	元	1.00	—	—	117.730
机 械 载货汽车 4t	台班	369.21	0.200	0.010	—
汽油发电机组 6kW	台班	247.70	—	—	0.116
手提式冲击钻	台班	67.76	—	—	0.133

注:隔音屏调换主材及材料消耗量根据实际进行计算。

工作内容:桁车保养:滚轮上黄油,清洁,控制柜调试,行走调试等。　　　　　　　　　　　计量单位:台·次

定 额 编 号			3-68
项 目			桁车保养
基 价 (元)			**144.05**
其中	人 工 费 (元)		135.00
	材 料 费 (元)		9.05
	机 械 费 (元)		—
名 称	单位	单价(元)	消 耗 量
人工 二类人工	工日	135.00	1.000
材料 黄油	kg	9.05	1.000

九、构件清洁维护

工作内容:1.桥面保洁:清扫路面,捡拾垃圾;

　　　　　2.防撞墙清洁:清洁、冲洗;

　　　　　3.隔音屏内侧长效保洁:侧壁清洗车机械保洁作业;

　　　　　4.隔音屏内侧深度保洁:机械配合人工清洁、冲洗;

　　　　　5.栏杆保洁:清洁、冲洗。　　　　　　　　　　　　　　　　　　　　　计量单位:见表

定 额 编 号			3-69	3-70	3-71	3-72	3-73
项 目			桥面保洁	防撞墙清洁	隔音屏内侧长效保洁	隔音屏内侧深度保洁	栏杆保洁
计 量 单 位			10 000 m²·次	1 000 m²·次	1 000 m²·次	1 000 m²·次	100 m·次
基 价 (元)			**191.38**	**476.93**	**644.50**	**21 908.73**	**308.13**
其中	人 工 费 (元)		7.56	108.00	12.02	168.75	27.00
	材 料 费 (元)		14.09	1.98	348.68	21 527.50	196.14
	机 械 费 (元)		169.73	366.95	283.80	212.48	84.99
名 称	单位	单价(元)		消 耗 量			
人工 二类人工	工日	135.00	0.056	0.800	0.089	1.250	0.200
材料 水	m³	4.27	3.300	0.100	0.889	2.341	0.500
清洁剂	kg	7.76	—	0.200	44.444	—	25.000
化油剂	kg	15.00	—	—	—	1 434.500	—
机械 载货汽车4t	台班	369.21	0.028	—	—	0.250	0.100
洗扫车	台班	766.31	0.208	—	—	—	—
侧壁清洗车	台班	3 188.80	—	—	0.100	0.089	—
洒水车8 000L	台班	480.72	—	0.100	0.100	0.250	0.100

注:隔音屏外侧清洗根据实际作业方式调整并增加相应措施费。

工作内容:1.边窨井、落水井清理:清除垃圾,运至场地内待运点;
　　　　　　2.构件保洁:擦拭、冲洗。

计量单位:见表

定 额 编 号			3-74	3-75	3-76
项 　 目			边窨井、落水井清理	构件保洁	
				15m 以下的构件	15m 以上的构件
计 量 单 位			100 座·次	100m²·次	100m²·次
基 　 价 （元）			**745.06**	**293.93**	**469.46**
其中	人 工 费 （元）		558.90	81.00	115.70
	材 料 费 （元）		—	20.96	20.96
	机 械 费 （元）		186.16	191.97	332.80
名 称	单位	单价（元）	消 耗 量		
人工 二类人工	工日	135.00	4.140	0.600	0.857
材料 水	m³	4.27	—	2.000	2.000
清洁剂	kg	7.76	—	1.600	1.600
机 平台作业升降车 16m	台班	338.17	—	0.200	—
高压射水车	台班	621.67	—	0.200	0.286
平台作业升降车 44m	台班	541.96	—	—	0.286
载货汽车 5t	台班	382.30	0.486	—	—
械 其他机械费	元	1.00	0.360	—	—

第四章
隧道设施养护维修

说　明

一、本章定额适用于城市隧道、地下过街通道的养护。

二、隧道内的路面、人行道养护维修参照本定额第二章"道路设施养护维修"相关定额子目,其中人工、机械乘以系数1.20。

三、本章的供配电设施、照明设施、通风设施、给水排水与消防设施、监控与通信设施的检修定额未包含主要器(部)件材料设备费,如有发生按实计取主要器(部)件费用。

四、监控与通信设施,由各个相对独立的系统组成,检修按系统界定,综合考虑各种情况。

工程量计算规则

一、环氧砂浆裂缝处理按处理面积以"m²"计。

二、日常巡查按"km·次"为计算单位;不足1km,按1km计算。

三、监控与通信设施分系统检修以"系统"为计量单位,以一次一个故障现象为计量次数。

四、风道、电缆通道保洁按建筑面积以"1 000m²"计算。

五、泵房保洁以"座·次"计算,设备房清扫以"m²"计算。

一、主　体　结　构

工作内容:凿除损坏部分,表面凿毛、清理,刷环氧冷底子油,环氧砂浆封堵、修补、养生,清理场地等。　**计量单位:**m²

定　额　编　号				4-1
项　　目				环氧砂浆修补衬砌裂缝(厚2cm)
基　价　(元)				**378.71**
其中	人　工　费　(元)			58.05
	材　料　费　(元)			204.63
	机　械　费　(元)			116.03
名　称	单位	单价(元)	消耗量	
人工	二类人工	工日	135.00	0.430
材料	环氧树脂	kg	15.52	10.380
	丙酮	kg	8.16	1.200
	石英砂 综合	kg	0.97	21.430
	乙二胺硬化剂	kg	15.24	0.850
机械	曲臂登高车	台班	966.95	0.120

工作内容:1.瓷砖饰面:镶贴面层修理,清理及修补基层,砂浆打底,找平,砍打及磨光块料
边缘,镶贴,修嵌缝隙,打蜡,场内运输,场地清理;
　　2.大理石板饰面:凿除损坏装饰面,安装装饰面,材料运输,清理现场。　**计量单位:**m²

定　额　编　号			4-2	4-3
项　　目			瓷砖饰面	大理石板饰面
基　价　(元)			**94.57**	**194.67**
其中	人　工　费　(元)		66.15	58.05
	材　料　费　(元)		28.42	136.62
	机　械　费　(元)		—	—
名　称	单位	单价(元)	消耗量	
人工	二类人工	工日	135.00	0.490	0.430
材料	大理石板	m²	119.00	—	1.050
	釉面砖	m²	19.91	1.100	—
	108胶	kg	1.03	1.050	—
	白水泥	kg	0.77	0.153	0.150
	水泥砂浆 1:3	m³	238.10	0.022	0.024
	水	m³	4.27	0.020	0.020
	镀锌铁丝 综合	kg	5.40	—	0.790
	预埋铁件	kg	3.75	—	0.340
	煤油	kg	3.79	—	0.010
	石蜡	kg	5.00	—	0.025
	草酸	kg	3.88	—	0.013

工作内容:1.搪瓷钢板:拆除损坏部分,安装,密封条、嵌条安装,清理现场;

2.水泥纤维板:拆除损坏部分,安装,清理现场等;

3.钢结构骨架:拆除、安装,预埋铁件修理,清理现场。 计量单位:见表

定 额 编 号			4-4	4-5	4-6
项 目			搪瓷钢板	水泥纤维板	钢结构骨架
计 量 单 位			m²	m²	t
基 价 (元)			**90.76**	**57.00**	**6 666.50**
其中	人 工 费 (元)		70.20	49.41	1 903.50
	材 料 费 (元)		20.56	7.59	4 518.46
	机 械 费 (元)		—	—	244.54
名 称	单位	单价(元)	消 耗 量		
人工 二类人工	工日	135.00	0.520	0.366	14.100
材料	搪瓷钢板(含背栓件)	m²	—	(1.060)	—	—
	水泥纤维板	m²	—	—	(1.100)	—
	自攻螺钉	百个	2.59	—	0.448	—
	铝合金边角条	m	2.76	2.000	—	—
	橡皮密封条 20×4	m	1.78	4.000	—	—
	螺栓带帽	个	0.52	4.000	—	—
	现浇现拌混凝土 C40(40)	m³	330.72	—	—	0.252
	铝材	kg	14.66	—	—	20.000
	型钢 综合	t	3 836.00	—	—	1.020
	螺栓带帽	kg	6.00	—	—	9.800
	抽芯柳钉 M4	个	0.09	—	—	1 050.000
	电焊条	kg	4.31	—	—	4.000
	氧气	m³	3.62	—	—	1.200
	乙炔气	m³	8.90	—	—	0.429
	其他材料费	元	1.00	5.840	6.430	50.500
机械	气割设备	台班	37.35	—	—	2.000
	交流电焊机 32kV·A	台班	84.92	—	—	2.000

工作内容:1.防火涂料:防火涂料涂刷,清理现场;

2.防火板:防火板拆除、安装。 计量单位:见表

定 额 编 号			4-7	4-8	4-9
项 目			防火涂料		防火板
			8mm	每减少1mm	更换
计 量 单 位			10m²	10m²	m²
基 价 (元)			**1 678.56**	**75.22**	**159.82**
其中	人 工 费 (元)		573.48	—	31.59
	材 料 费 (元)		631.26	75.22	61.77
	机 械 费 (元)		473.82	—	66.46
名 称	单位	单价(元)	消 耗 量		
人工 二类人工	工日	135.00	4.248	—	0.234
材料	防火涂料	kg	13.36	45.000	5.630	—
	防火板	m²	56.03	—	—	1.050
	其他材料费	元	1.00	30.060	—	2.940
机械	电动空气压缩机 10m³/min	台班	394.85	1.200	—	—
	载货汽车 4t	台班	369.21	—	—	0.180

注:未包含登高设备,若发生可另行计取。

工作内容:凿除侧墙松动,浇筑水泥砂浆,养护,清理现场。 计量单位:m²

定 额 编 号				4-10
项 目				侧墙修补
基 价 (元)				**110.69**
其中	人 工 费 (元)			58.05
	材 料 费 (元)			4.29
	机 械 费 (元)			48.35
	名 称	单位	单价(元)	消 耗 量
人工	二类人工	工日	135.00	0.430
材料	水泥砂浆 1:3	m³	238.10	0.018
机械	曲臂登高车	台班	966.95	0.050

工作内容:对隧道衬砌、洞口、路面、排水设施、沿线消防设施、配电设施等进行经常巡查,
做好记录。 计量单位:km·次

定 额 编 号				4-11	4-12
项 目				日常巡查	
				1km 以内	每增加 1km
基 价 (元)				**127.97**	**22.68**
其中	人 工 费 (元)			72.90	13.50
	材 料 费 (元)			—	—
	机 械 费 (元)			55.07	9.18
	名 称	单位	单价(元)	消 耗 量	
人工	二类人工	工日	135.00	0.540	0.100
机械	载货汽车 2t	台班	305.93	0.180	0.030

二、供配电设施

工作内容:1. 定期检修:准备工作,清除柜内及变压器污尘,排查故障,更换坏损部件,修复松动装置,
　　　　　　自动稳压器调整研磨碳刷,机械传动装置修理,设备干燥,电气测试,除锈补漆,清理现场;
　　　　2. 日常保养:准备工作,清除柜内及变压器污尘,排查故障,电气测试,除锈补漆,清理
　　　　　　现场。

计量单位:台·次

定额编号			4-13	4-14	4-15
项　目			变压器 (定期检修)	稳压器 (定期检修)	变压器、稳压器(日常保养)
基　价　(元)			**1 660.93**	**1 179.50**	**65.83**
其中	人　工　费　(元)		1 485.00	1 080.00	27.00
	材　料　费　(元)		58.84	71.67	6.61
	机　械　费　(元)		117.09	27.83	32.22
名　称	单位	单价(元)	消　耗　量		
人工 二类人工	工日	135.00	11.000	8.000	0.200
材料 油漆	kg	13.79	1.500	—	—
电力复合脂	kg	17.24	0.100	0.100	—
汽油 综合	kg	6.12	0.500	0.300	—
塑料布	m²	5.79	1.500	2.500	—
细白布 宽0.9m	m	5.00	3.000	3.000	—
铁砂布	张	1.03	—	5.000	—
钢锯条	条	2.59	—	2.000	—
黄油	kg	9.05	—	0.300	—
机油 综合	kg	2.91	—	0.100	—
调和漆	kg	11.21	—	1.200	—
防锈漆	kg	14.05	—	0.600	—
酒精 工业用99.5%	kg	7.07	1.000	—	—
其他材料费	元	1.00	2.620	3.420	6.610
机械 吹风机 4m³/min	台班	21.11	0.500	0.500	—
吸尘器	台班	9.58	0.500	0.500	0.125
数字万用表	台班	4.16	1.000	3.000	0.125
高压绝缘电阻测试仪	台班	40.68	1.000	—	—
变压器直流电阻测试仪 JD2520	台班	56.90	1.000	—	—
其他机械费	元	1.00	—	—	30.500

工作内容:1.定期检修:准备工作,清除柜内污尘,排查故障,更换坏损部件,修复及润滑机械
　　　　　　装置,程序检查,电气测试,除锈补漆,清理现场;
　　　　　2.日常保养:柜内及表面清洁,运行情况检查,电气测试,除锈补漆。

计量单位:台·次

定　额　编　号			4-16	4-17	4-18
项　　　目			配电柜(定期检修)		配电柜 (日常保养)
			高压	低压	
基　价　(元)			**1 327.00**	**508.38**	**38.55**
其 中	人　　工　　费　(元)		1 147.50	405.00	27.00
	材　　料　　费　(元)		112.11	60.78	7.53
	机　　械　　费　(元)		67.39	42.60	4.02
名　　　称	单位	单价(元)	消　耗　量		
人 工	二类人工	工日	135.00	8.500	3.000	0.200
材 料	电力复合脂	kg	17.24	0.150	0.150	—
	调和漆	kg	11.21	0.263	0.100	0.100
	防锈漆	kg	14.05	0.131	0.050	0.100
	机油 综合	kg	2.91	0.100	0.200	—
	汽油 综合	kg	6.12	0.200	0.300	—
	酒精 工业用99.5%	kg	7.07	0.500	0.200	—
	细白布 宽0.9m	m	5.00	1.500	1.500	—
	塑料布	m²	5.79	15.000	—	—
	塑料粘胶带 20mm×50m	卷	15.37	—	1.000	—
	相色带 20mm×20m	卷	25.86	—	1.000	—
	黄油	kg	9.05	—	0.100	—
	其他材料费	元	1.00	5.340	2.900	5.000
机 械	吹风机 4m³/min	台班	21.11	1.000	0.300	—
	吸尘器	台班	9.58	—	0.300	0.200
	数字万用表	台班	4.16	1.000	1.000	0.200
	绝缘电阻测试仪 BM12	台班	29.52	0.600	—	—
	高压绝缘电阻测试仪	台班	40.68	0.600	—	—
	电压电流表(各种量程)	台班	22.89	—	1.000	—
	兆欧表	台班	6.34	—	1.000	0.200

工作内容:1.定期检修:准备工作,清除柜内污尘,排查故障,更换坏损部件,修复松动装置,
电气测试,除锈补漆,清理现场;
2.日常保养:外观及工作情况检查,表面清洁,松动检查,除锈防腐,设备调试。　　　　　计量单位:台·次

定 额 编 号			4-19	4-20	4-21	4-22	4-23	4-24
项　　　目			电源柜(定期检修)	电机控制柜(定期检修)	开关箱(定期检修)	电源箱(定期检修)	电源柜、控制柜(日常保养)	开关箱、电源箱(日常保养)
基 价 (元)			**496.98**	**533.14**	**306.51**	**145.76**	**7.14**	**4.38**
其中	人　工　费　(元)		405.00	472.50	270.00	135.00	2.84	2.84
	材　料　费　(元)		64.35	16.06	6.04	6.04	3.91	1.15
	机　械　费　(元)		27.63	44.58	30.47	4.72	0.39	0.39
名　称	单位	单价(元)			消　耗　量			
人工 二类人工	工日	135.00	3.000	3.500	2.000	1.000	0.021	0.021
材料 机油 综合	kg	2.91	0.150	—	—	—	—	—
黄油	kg	9.05	0.100	—	—	—	—	—
汽油 综合	kg	6.12	0.300	—	—	—	—	—
细白布 宽 0.9m	m	5.00	1.500	—	—	—	—	—
塑料粘胶带 20mm×50m	卷	15.37	1.000	—	—	—	—	—
相色带 20mm×20m	卷	25.86	1.000	—	—	—	—	—
电力复合脂	kg	17.24	0.100	0.100	—	—	—	—
酒精 工业用99.5%	kg	7.07	0.300	0.200	—	—	—	—
调和漆	kg	11.21	0.210	0.210	0.105	0.105	—	—
防锈漆	kg	14.05	0.105	0.105	0.053	0.053	0.100	0.050
塑料胶布带 20mm×10m	卷	2.07	—	1.000	1.000	1.000	—	—
白布	m²	5.34	—	1.000	0.300	0.300	—	—
松锈剂	kg	26.60	—	0.020	—	—	—	—
其他材料费	元	1.00	4.770	1.150	0.450	0.450	2.500	0.450
机械 吸尘器	台班	9.58	0.300	0.300	0.150	0.300	0.010	0.010
吹风机 4m³/min	台班	21.11	0.300	0.300	—	—	—	—
数字万用表 F-87	台班	6.14	3.000	1.000	1.000	0.300	0.010	0.010
兆欧表	台班	6.34	—	1.000	—	—	—	—
电压电流表(各种量程)	台班	22.89	—	1.000	1.000	—	0.010	0.010

工作内容:准备工作、排查故障、更换坏损部件、修复测试、电气测试、清理现场。　　　　　计量单位:只·次

定 额 编 号			4-25
项　　　目			蓄电池(定期检修)
基 价 (元)			**45.99**
其中	人　　工　　费　　(元)		24.30
	材　　料　　费　　(元)		6.14
	机　　械　　费　　(元)		15.55
名　称	单位	单价(元)	消　耗　量
人工 二类人工	工日	135.00	0.180
材料 电	kW·h	0.78	6.500
自粘性橡胶带 20mm×5m	卷	15.37	0.050
其他材料费	元	1.00	0.300
机械 智能电瓶活化仪	台班	56.96	0.200
数字万用表	台班	4.16	1.000

三、照 明 设 施

工作内容:准备工作、清洁灯具各部、排查故障,更换失效及坏损的部件、修复松动(脱落)装置、
电气测试、清理现场。

计量单位:套·次

定 额 编 号				4-26	4-27
项　　目				荧光灯	
				单管隧道灯	双管隧道灯
基　价　(元)				**141.26**	**151.08**
其中	人　　工　　费　(元)			35.24	44.28
	材　　料　　费　(元)			9.32	10.10
	机　　械　　费　(元)			96.70	96.70
	名　　称	单位	单价(元)	消　耗　量	
人工	二类人工	工日	135.00	0.261	0.328
材料	成套灯具	套	—	(1.000)	(1.000)
	自粘橡胶带 20×5	卷	1.60	0.160	0.210
	白布	m²	5.34	0.200	0.330
	其他材料费	元	1.00	8.000	8.000
机械	曲臂登高车	台班	966.95	0.100	0.100

工作内容:准备工作、清洁灯具各部、排查故障,更换失效及坏损的部件、修复松动(脱落)装置、
电气测试、清理现场。

计量单位:套·次

定 额 编 号				4-28	4-29
项　　目				LED 灯	HID 灯
基　价　(元)				**142.99**	**159.33**
其中	人　　工　　费　(元)			44.96	60.08
	材　　料　　费　(元)			1.33	2.55
	机　　械　　费　(元)			96.70	96.70
	名　　称	单位	单价(元)	消　耗　量	
人工	二类人工	工日	135.00	0.333	0.445
材料	成套灯具	套	—	(1.000)	(1.000)
	自粘橡胶带 20×5	卷	1.60	0.100	0.800
	白布	m²	5.34	0.200	0.210
	其他材料费	元	1.00	0.100	0.150
机械	曲臂登高车	台班	966.95	0.100	0.100

四、通 风 设 施

工作内容:1.定期检修:准备工作,拆卸零部件,清洗零部件,检查测量零部件,更换零部件,
　　　　　绝缘处理,除锈防腐,装配调试;
　　　2.日常保养:外观及工作情况检查,表面清洁,松动检查,除锈防腐,设备调试。　　　　　**计量单位:台·次**

定 额 编 号			4-30	4-31	4-32	4-33	4-34
项　　　目			轴流风机(定期检修)				轴流风机(日常保养)
			电机功率				
			≤100kW	≤200kW	≤300kW	>300kW	
基 价 (元)			**1 532.06**	**1 771.54**	**1 883.07**	**2 134.54**	**94.41**
其中	人 工 费 (元)		337.50	472.50	506.25	607.50	16.88
	材 料 费 (元)		649.17	711.19	825.09	932.85	48.52
	机 械 费 (元)		545.39	587.85	551.73	594.19	29.01
名　称	单位	单价(元)	消　耗　量				
人工	二类人工	工日	135.00	2.500	3.500	3.750	4.500	0.125
材料	黄油	kg	9.05	4.000	4.000	5.000	5.000	—
	机油 综合	kg	2.91	2.000	2.000	2.000	2.000	—
	调和漆	kg	11.21	18.000	20.000	25.000	30.000	0.200
	防锈漆	kg	14.05	15.000	16.000	18.000	20.000	0.200
	松锈剂	kg	26.60	3.000	3.000	3.000	3.000	0.200
	钢锯条	条	2.59	6.000	8.000	9.000	10.000	—
	砂轮片 综合	片	7.08	6.000	8.000	9.000	10.000	—
	砂纸	张	0.52	8.000	8.000	9.000	10.000	—
	铁砂布	张	1.03	20.000	22.000	25.000	30.000	—
	黑胶布 20mm×20m	卷	1.29	1.000	1.000	1.600	2.000	—
	其他材料费	元	1.00	30.750	34.900	41.550	49.300	38.150
机械	交流电焊机 32kV·A	台班	84.92	2.000	2.500	2.000	2.500	0.063
	载货汽车 4t	台班	369.21	1.000	1.000	1.000	1.000	0.063
	兆欧表	台班	6.34	1.000	1.000	2.000	2.000	0.063

工作内容:1. 定期检修:准备工作,拆卸零部件,清洗零部件,检查测量零部件,更换零部件,
除锈防腐,现场调试;
　　　　2. 日常保养:外观及工作情况检查,表面清洁,松动检查,除锈防腐,设备调试。 　计量单位:台·次

定　额　编　号				4-35	4-36	4-37	4-38
项　　目				射流风机(定期检修)			射流风机(日常保养)
				电机功率			
				≤10kW	≤20kW	>20kW	
基　价　（元）				**632.90**	**777.37**	**1 000.98**	**68.52**
其中	人　工　费（元）			270.00	337.50	472.50	16.88
	材　料　费（元）			302.64	355.82	420.64	25.87
	机　械　费（元）			60.26	84.05	107.84	25.77
名　称	单位	单价(元)		消　耗　量			
人工	二类人工	工日	135.00	2.000	2.500	3.500	0.125
材料	黄油	kg	9.05	1.500	2.000	2.000	—
	机油 综合	kg	2.91	1.000	1.000	1.000	—
	调和漆	kg	11.21	10.000	12.000	15.000	0.200
	防锈漆	kg	14.05	5.000	6.000	8.000	0.200
	松锈剂	kg	26.60	2.000	2.000	2.000	0.200
	钢锯条	条	2.59	5.000	5.000	5.000	—
	砂轮片 综合	片	7.08	2.000	3.000	3.000	—
	砂纸	张	0.52	4.000	5.000	5.000	—
	铁砂布	张	1.03	8.000	10.000	10.000	—
	黑胶布 20mm×20m	卷	1.29	1.000	1.000	1.000	—
	其他材料费	元	1.00	11.880	14.410	17.500	15.500
机械	兆欧表	台班	6.34	2.000	2.000	2.000	0.042
	其他机械费	元	1.00	47.580	71.370	95.160	25.500

注:未包含登高设备,若发生可另行计取。

工作内容:1.定期检修:准备工作,清除柜内污尘,排查故障,更换坏损部件,修复松动装置,
电气测试,除锈补漆,清理现场;
2.日常保养:外观及工作情况检查,表面清洁,松动检查,除锈防腐,设备调试。   计量单位:台·次

定 额 编 号			4-39	4-40	4-41
项　　目			混流风机(定期检修)		混流风机(日常保养)
			电机功率		
			≤10kW	>10kW	
基　价（元）			1 312.77	1 505.71	98.08
其中	人　工　费（元）		607.50	742.50	33.75
	材　料　费（元）		297.88	355.82	38.43
	机　械　费（元）		407.39	407.39	25.90
名　　称	单位	单价(元)	消　耗　量		
人工	二类人工	工日	135.00	4.500	5.500	0.250
材料	黄油	kg	9.05	1.000	2.000	—
	机油 综合	kg	2.91	1.000	1.000	—
	调和漆	kg	11.21	10.000	12.000	0.500
	防锈漆	kg	14.05	5.000	6.000	0.500
	松锈剂	kg	26.60	2.000	2.000	0.500
	钢锯条	条	2.59	5.000	5.000	—
	砂轮片 综合	片	7.08	2.000	3.000	—
	砂纸	张	0.52	4.000	5.000	—
	铁砂布	张	1.03	8.000	10.000	—
	黑胶布 20mm×20m	卷	1.29	1.000	1.000	—
	其他材料费	元	1.00	11.650	14.410	12.500
机械	载货汽车 4t	台班	369.21	1.000	1.000	—
	兆欧表	台班	6.34	2.000	2.000	0.063
	其他机械费	元	1.00	25.500	25.500	25.500

注:未包含登高设备,若发生可另行计取。

工作内容：准备工作、拆卸零部件、清洗零部件、检查测量零部件、更换零部件、除锈防腐、装配调试。　**计量单位：**m^2

定额编号				4-42
项目				电动组合风阀
基价（元）				**411.53**
其中	人工费（元）			270.00
	材料费（元）			66.42
	机械费（元）			75.11
名称		单位	单价(元)	消耗量
人工	二类人工	工日	135.00	2.000
材料	黄油	kg	9.05	0.500
	机油 综合	kg	2.91	0.250
	铁砂布	张	1.03	4.000
	黑胶布 20mm×20m	卷	1.29	0.200
	砂纸	张	0.52	1.000
	调和漆	kg	11.21	2.000
	防锈漆	kg	14.05	1.000
	松锈剂	kg	26.60	0.250
	钢锯条	条	2.59	2.000
	砂轮片 综合	片	7.08	0.500
	其他材料费	元	1.00	4.430
机械	载货汽车 4t	台班	369.21	0.200
	兆欧表	台班	6.34	0.200

五、给水排水及消防

工作内容:准备工作、维护检测、更换器(部)件或更新设备、单机调试、系统调试。 计量单位:套·次

定 额 编 号			4-43	4-44	4-45	4-46
项 目			消火栓		消防水泵结合器	
			室外	室内	控制室	隧道内
基 价 (元)			**214.85**	**75.03**	**249.91**	**283.13**
其中	人 工 费 (元)		83.70	71.55	148.50	182.25
	材 料 费 (元)		53.10	2.53	91.35	91.35
	机 械 费 (元)		78.05	0.95	10.06	9.53
名 称	单位	单价(元)	消 耗 量			
人工 二类人工	工日	135.00	0.620	0.530	1.100	1.350
材料 地上消火栓	套	—	(1.000)	—	—	—
室内消火栓 SN50	套	—	—	(1.000)	—	—
消防水泵接合器	套	—	—	—	(1.000)	—
平焊法兰 1.6MPa DN100	副	90.86	0.500	—	—	—
平焊法兰 1.6MPa DN150	副	151.00	—	—	0.500	0.500
氧气	m³	3.62	0.247	—	—	—
乙炔气	m³	8.90	0.082	—	—	—
电焊条	kg	4.31	0.290	—	0.290	0.290
其他材料费	元	1.00	4.800	2.530	14.600	14.600
机械 气割设备	台班	37.35	0.100	—	—	—
电焊机 综合	台班	115.00	0.110	—	—	—
电焊条烘干箱 60×50×75cm³	台班	16.84	0.011	—	0.011	0.011
交流电焊机 32kV·A	台班	84.92	0.250	—	0.110	0.110
砂轮切割机 φ400	台班	26.83	1.500	0.014	0.020	—
套丝机	台班	26.27	—	0.022	—	—

工作内容:准备工作,消防喷头清洁,损坏设备更换,清理现场。 计量单位:10 个

定 额 编 号			4-47
项 目			消防喷头
基 价 (元)			**1 107.74**
其中	人 工 费 (元)		95.85
	材 料 费 (元)		44.94
	机 械 费 (元)		966.95
名 称	单位	单价(元)	消 耗 量
人工 二类人工	工日	135.00	0.710
材料 消防洒水喷头	个	—	(10.100)
镀锌铁丝 8#~12#	kg	6.55	6.420
聚四氟乙烯生料带 26×0.1	m	0.43	2.060
其他材料费	元	1.00	2.000
机械 曲臂登高车	台班	966.95	1.000

工作内容:准备工作、更换坏损部件、修复松动(脱落)装置、校正方向、电气测试、单机调试、
系统调试、清理现场。

计量单位:见表

定　额　编　号			4-48	4-49
项　　目			火灾报警系统	手动报警器
计　量　单　位			系统·次	套·次
基　价　（元）			**1 549.27**	**79.38**
其中	人　　工　　费　（元）		1 065.15	4.46
	材　　料　　费　（元）		—	—
	机　　械　　费　（元）		484.12	74.92
名　　称	单位	单价（元）	消　耗　量	
人工	二类人工	工日	135.00	7.890	0.033
机械	载货汽车 4t	台班	369.21	1.000	—
	其他机械费	元	1.00	23.050	3.570
	火灾探测器试验器	台班	4.34	1.000	—
	自耦调压器	台班	9.77	1.400	1.400
	直流稳压稳流电源 WYK－6005	台班	30.83	1.400	1.400
	交流稳压电源	台班	11.55	1.400	—
	数字万用表	台班	4.16	2.800	2.800
	接地电阻测试仪 DET－3/2	台班	40.94	0.070	0.070

六、监控与通信系统设施

工作内容:准备工作、更换坏损部件、修复松动(脱落)装置、校正方向、电气测试、单机调试、
系统调试、清理现场。

计量单位:系统·次

定　额　编　号			4-50	4-51
项　　目			摄像系统	交通监控系统
基　价　（元）			**1 528.17**	**1 791.51**
其中	人　　工　　费　（元）		1 065.15	1 065.15
	材　　料　　费　（元）		—	—
	机　　械　　费　（元）		463.02	726.36
名　　称	单位	单价（元）	消　耗　量	
人工	二类人工	工日	135.00	7.890	7.890
机械	精密交直流稳压器（SB861）	台班	44.80	—	1.000
	载货汽车 4t	台班	369.21	1.000	1.000
	其他机械费	元	1.00	4.580	6.750
	电视信号发生器	台班	12.85	1.000	—
	彩色监视器	台班	4.93	1.000	—
	数字存储示波器 HP－54603B	台班	55.01	1.000	—
	数字万用表	台班	4.16	1.000	2.000
	脉冲信号发生器	台班	62.13	—	1.000
	通用计数器 1Hz～1GHz,30mV	台班	7.32	—	1.000
	光功率计	台班	61.68	—	1.000
	手持光损耗测试仪	台班	11.69	—	1.000
	数字示波器	台班	79.43	—	1.000
	网络测试仪	台班	57.56	—	1.000
	手提式光纤多用表	台班	17.47	—	1.000
	接地电阻测试仪 DET－3/2	台班	40.94	0.300	—

注:未包含登高设备,若发生可另行计取。

工作内容:准备工作、更换坏损部件、修复松动(脱落)装置、校正方向、电气测试、单机调试、
系统调试、清理现场。　　　　　　　　　　　　　　　　　　　　　　计量单位:套·次

定　额　编　号				4-52	4-53
项　　目				外场设备	电力模拟屏
基　价　(元)				**390.75**	**179.93**
其中	人　工　费　(元)			67.50	175.77
	材　料　费　(元)			—	—
	机　械　费　(元)			323.25	4.16
名　称		单位	单价(元)	消　耗　量	
人工	二类人工	工日	135.00	0.500	1.302
机械	曲臂登高车	台班	966.95	0.330	—
	数字万用表	台班	4.16	1.000	1.000

工作内容:准备工作、更换坏损部件、修复松动(脱落)装置、校正方向、电气测试、单机测试、
系统调试、清理现场。　　　　　　　　　　　　　　　　　　　　　　计量单位:见表

定　额　编　号				4-54	4-55	4-56	4-57
项　　目				车检器检修	分系统工作站	远程控制单元	可变情报板
计　量　单　位				台·次	台·次	套·次	套·次
基　价　(元)				**575.87**	**135.00**	**1 069.89**	**285.66**
其中	人　工　费　(元)			202.50	135.00	814.05	270.00
	材　料　费　(元)			—	—	—	—
	机　械　费　(元)			373.37	—	255.84	15.66
名　称		单位	单价(元)	消　耗　量			
人工	二类人工	工日	135.00	1.500	1.000	6.030	2.000
材料	小型通信模块	个	—	—	—	(1.000)	(1.000)
机械	载货汽车 4t	台班	369.21	1.000		0.500	—
	数字万用表	台班	4.16	1.000		2.670	2.000
	数字电压表 PZ38	台班	7.34			2.670	1.000
	综合测试仪	台班	25.33			1.600	—

工作内容:准备工作、检查、更换损坏部件、修复测试、电气测试、清理现场。　　　计量单位:套·次

定　额　编　号				4-58
项　　目				车道信号灯
基　价　(元)				**334.70**
其中	人　工　费　(元)			21.60
	材　料　费　(元)			—
	机　械　费　(元)			313.10
名　称		单位	单价(元)	消　耗　量
人工	二类人工	工日	135.00	0.160
材料	车道灯 302LED	组	733.00	(1.000)
	继电器	个	—	(1.000)
机械	曲臂登高车	台班	966.95	0.320
	数字万用表	台班	4.16	0.320
	数字电压表 PZ38	台班	7.34	0.320

工作内容： 准备工作、检查、更换损坏部件、修复测试、电气测试、清理现场。　　计量单位：套·次

定 额 编 号			4-59	4-60
项 目			安全标志灯	交通导向灯
基 价 （元）			**84.04**	**135.77**
其中	人 工 费 （元）		13.50	16.88
	材 料 费 （元）		22.19	22.19
	机 械 费 （元）		48.35	96.70
名 称	单位	单价（元）	消 耗 量	
人工 二类人工	工日	135.00	0.100	0.125
材料 成套灯具	套	—	(1.000)	(1.000)
自粘性橡胶带 20mm×5m	卷	15.37	0.500	0.500
其他材料费	元	1.00	14.500	14.500
机械 曲臂登高车	台班	966.95	0.050	0.100

工作内容： 准备工作、维护检测、更换器(部)件或更新设备、单机调试、系统调试。　　计量单位：套·次

定 额 编 号			4-61	4-62	4-63	4-64
项 目			无线通信系统		有线广播系统	
			控制室	隧道内	控制室	隧道内
基 价 （元）			**849.00**	**2 763.71**	**307.78**	**2 830.91**
其中	人 工 费 （元）		176.85	675.00	176.85	810.00
	材 料 费 （元）		—	—	—	—
	机 械 费 （元）		672.15	2 088.71	130.93	2 020.91
名 称	单位	单价（元）	消 耗 量			
人工 二类人工	工日	135.00	1.310	5.000	1.310	6.000
机械 曲臂登高车	台班	966.95	—	2.000	—	2.000
其他机械费	元	1.00	32.010	60.390	6.250	57.400
数字温度计	台班	7.65	0.125	—	—	—
频谱分析仪	台班	291.00	1.000	0.125	—	—
场强仪	台班	228.00	1.000	0.250	—	—
数字万用表	台班	4.16	0.250	0.250	0.250	0.500
数字示波器	台班	79.43	1.500	—	0.250	0.250
低频信号发生器	台班	7.01	—	—	0.125	0.250
数字式快速对线仪	台班	47.38	—	—	0.125	0.125
音频功率源 YS44F	台班	40.94	—	—	0.250	—
误码率测试仪	台班	569.00	—	—	0.125	—
微机硬盘测试仪	台班	125.00	—	—	0.125	—

工作内容:准备工作、维护检测、更换器(部)件或更新设备、单机调试、系统调试。 计量单位:套·次

定 额 编 号			4-65	4-66
项　目			程控电话系统	
			控制室	隧道内
基 价 (元)			**282.36**	**962.57**
其中	人　工　费 (元)		176.85	607.50
	材　料　费 (元)		—	—
	机　械　费 (元)		105.51	355.07
名　称	单位	单价(元)	消　耗　量	
人工 二类人工	工日	135.00	1.310	4.500
机 载货汽车 4t	台班	369.21	0.250	0.875
其他机械费	元	1.00	0.650	1.600
直流稳压电源	台班	16.70	0.250	—
线路测试仪	台班	11.36	0.125	0.500
数字式快速对线仪	台班	47.38	0.125	0.500
械 数字万用表	台班	4.16	0.250	0.250

七、附 属 设 施

工作内容:风塔内墙面及风塔外墙面破损修补,墙面涂装、清理现场。 计量单位:m²

定 额 编 号			4-67	4-68
项　目			风塔墙面涂装	
			高度(m)	
			≤5	>5
基 价 (元)			**199.87**	**466.36**
其中	人　工　费 (元)		67.50	135.00
	材　料　费 (元)		54.83	54.83
	机　械　费 (元)		77.54	276.53
名　称	单位	单价(元)	消　耗　量	
人工 二类人工	工日	135.00	0.500	1.000
材 聚氨酯沥青防水涂料	kg	14.65	2.000	2.000
外防水氯丁酚醛胶	kg	13.02	0.500	0.500
水泥砂浆 1:3	m³	238.10	0.020	0.020
石膏粉	kg	0.68	2.000	2.000
料 白水泥	kg	0.77	10.000	10.000
其他材料费	元	1.00	5.200	5.200
机 曲臂登高车	台班	966.95	—	0.200
载货汽车 4t	台班	369.21	0.200	0.200
械 其他机械费	元	1.00	3.700	9.300

工作内容：拆卸盖框盖板、整理接口面、浇筑混凝土、粉刷、养护、安装盖框盖板、清理现场。　　　　　计量单位：10m

定　额　编　号				4-69
项　　目				修理横截沟
基　价（元）				**2 615.67**
其中	人　　工　　费　（元）			891.00
	材　　料　　费　（元）			529.98
	机　　械　　费　（元）			1 194.69
	名　　称	单位	单价（元）	消　耗　量
人工	二类人工	工日	135.00	6.600
材料	现浇现拌混凝土 C40（40）	m³	330.72	1.045
	铁撑板	t	3 578.00	0.019
	圆钉	kg	4.74	0.204
	其他材料费	元	1.00	110.900
机械	风镐	台班	9.73	1.500
	内燃空气压缩机 6m³/min	台班	417.52	1.500
	载货汽车 4t	台班	369.21	1.500

八、清　洁　维　护

工作内容：车辆检查、墙面清洗、车辆清洗。　　　　　计量单位：1 000m²·次

定　额　编　号				4-70
项　　目				侧墙清洗
基　价（元）				**448.09**
其中	人　　工　　费　（元）			94.50
	材　　料　　费　（元）			20.23
	机　　械　　费　（元）			333.36
	名　　称	单位	单价（元）	消　耗　量
人工	二类人工	工日	135.00	0.700
材料	水	m³	4.27	0.500
	清洁剂	kg	7.76	0.200
	扫刷	把	54.00	0.260
	水龙带	卷	100.00	0.025
机械	洒水车 8 000L	台班	480.72	0.090
	侧壁清洗车	台班	3 188.80	0.090
	其他机械费	元	1.00	3.100

工作内容:车辆检查,清扫隧道边沟,人工配合清扫,倾倒垃圾,车辆清洗。 计量单位:m

定 额 编 号				4-71
项 目				横截沟清泥
基 价 (元)				**60.52**
其中	人 工 费 (元)			10.13
	材 料 费 (元)			0.73
	机 械 费 (元)			49.66
	名 称	单位	单价(元)	消 耗 量
人工	二类人工	工日	135.00	0.075
材料	水	m³	4.27	0.050
	塑料编织袋	m	1.03	0.500
机械	路面清扫车 6m³	台班	877.00	0.028
	高压清洗车	台班	754.22	0.028
	其他机械费	元	1.00	3.990

工作内容:清扫、垃圾装袋装车、倾倒入箱。 计量单位:见表

定 额 编 号			4-72	4-73	4-74
项 目			风道保洁	电缆通道保洁	安全滑梯保洁
计 量 单 位			1 000m²	1 000m²	m
基 价 (元)			**519.40**	**786.08**	**18.72**
其中	人 工 费 (元)		135.00	202.50	2.70
	材 料 费 (元)		4.12	2.06	0.05
	机 械 费 (元)		380.28	581.52	15.97
名 称	单位	单价(元)	消 耗 量		
人工	二类人工	工日	135.00	1.000	1.500	0.020
材料	水	m³	4.27	—	—	0.010
	塑料编织袋	m	1.03	4.000	2.000	0.010
机械	载货汽车 4t	台班	369.21	1.000	1.500	0.040
	其他机械费	元	1.00	11.070	27.700	1.200

工作内容:保洁清扫、无积尘、无杂物、垃圾装袋装车、倾倒入箱。 计量单位:见表

定 额 编 号			4-75	4-76
项 目			泵房保洁	设备房清扫保洁
计 量 单 位			座·次	100m²
基 价 (元)			**337.86**	**62.87**
其中	人 工 费 (元)		135.00	33.75
	材 料 费 (元)		8.75	1.16
	机 械 费 (元)		194.11	27.96
名 称	单位	单价(元)	消 耗 量	
人工	二类人工	工日	135.00	1.000	0.250
材料	水	m³	4.27	0.120	0.030
	塑料编织袋	m	1.03	8.000	1.000
机械	载货汽车 4t	台班	369.21	0.500	0.050
	其他机械费	元	1.00	9.500	9.500

第五章
排水设施养护维修

说　明

一、本章定额适用于市政排水设施养护维修工程,包括沟渠清泥,管道疏通,检查井、雨水口清捞,升降检查井、雨水口,检查井盖座调换,连管维修,管道非开挖修复,管道封堵,巡视检测,保养潮、闸门,泵站清疏,泵站设备维修保养等项目。

二、疏通沟管,检查井、雨水口清捞等定额中均包括将污泥运至集中待运点的人工、机械。

三、定额中均不包括污泥外运费用,如需外运套用本定额第一章"通用项目"相应定额子目。污泥容重按 1.35t/m³ 计算。

四、连管维修子目中未考虑路面翻挖及修复、废料外运等内容,发生时套用本定额其他章节的相关内容;管道埋深按1.5m 以内综合考虑。

五、钢筋混凝土管道管座按 135°考虑,如实际不同时,混凝土量做相应调整。

六、施工中如需泵站配合降低水位,费用另行计算。

七、沟渠内浮泥为软泥,沉积泥为硬泥。

八、拆除大于 φ600 以上砖封、拆除检查井套用本定额第一章"通用项目"相应定额子目。

九、管道检测子目未包含拆管封、管堵、管道清淤、管道冲洗以及抽水等前期工作内容,发生时按相应定额套用计算。

十、冲洗管沟、检查井等,按自来水考虑,如采用不同水源时根据实际情况换算。

十一、本定额中调换检查井盖、井座、防沉降井盖板等,其材质与定额不符时,材料可按实调整。定额中调换铸铁井盖井座未考虑旧井盖、旧井座的回收利用,如需运至指定地点回收利用,则另行计算回收价值。

十二、更换井盖座等未含拆除、修复路面费用。

十三、管道内如遇树根异物、管道结晶需清除时,费用另计。

十四、水泵及格栅维修保养中如需外调起吊设备进行吊装时,起吊设备台班另计,其余不变。

十五、如泵站等建筑结构需维修时,参照其他专业定额计算。

工程量计算规则

一、本定额中的管道检测项目均已综合考虑新旧管道,两检查井为一段。当声纳检测累计检测长度 $L \leqslant 100\text{m}$ 时,按 100m 计算;检测长度 $L > 100\text{m}$ 时,按实际检测长度计算。人工管道检测长度小于 30m 的,按 30m 计算。

二、管道修复中局部树脂固化定额适用于管道小范围局部破损修复,单点长度在 0.4m 以内;紫外光固化定额的玻璃纤维软管厚度与定额取定不一致时,材料按实际换算。

三、泵站设备及控制系统等,检修保养中发生的材料更换按实际发生规格数量计算。

四、自控系统保养按系统界定,以每座泵站内系统为计量单位。

五、下井安全措施适用于泵站、污水厂等中大型构筑物的清疏,下井人数按 2 人考虑,下井人数实际不同时,按相应子目调整。

一、沟 渠 清 泥

1.明 沟 清 泥

工作内容:清理渠内泥砂杂物,整修渠底、渠坡,平整清扫渠堤并将泥砂杂物运至指定地点堆放。　　　计量单位:10m³

定　额　编　号				5-1	5-2
项　　目				软泥	硬泥
基　价　(元)				**397.04**	**427.14**
其中	人　　工　　费　(元)			397.04	427.14
	材　　料　　费　(元)			—	—
	机　　械　　费　(元)			—	—
	名　　称	单位	单价(元)	消　耗　量	
人工	二类人工	工日	135.00	2.941	3.164

2.暗 渠 清 泥

工作内容:1.井中集中出泥:启闭井盖、检查防护设备、有毒气体测试、人工钻入管道清泥、并
集中在检查井出泥、场内运输、清扫场地;

2.开盖分散出泥:盖板暗渠采用分段开盖板、检查防护设备、有毒气体测试、人工
分散清泥或抛泥、场内运输、清扫场地。　　　计量单位:10m³

定　额　编　号				5-3	5-4	5-5	5-6
项　　目				井中集中出泥		开盖分散出泥	
				软泥	硬泥	软泥	硬泥
基　价　(元)				**2 500.88**	**2 116.13**	**594.00**	**517.05**
其中	人　　工　　费　(元)			2 500.88	2 116.13	594.00	517.05
	材　　料　　费　(元)			—	—	—	—
	机　　械　　费　(元)			—	—	—	—
	名　　称	单位	单价(元)	消　耗　量			
人工	二类人工	工日	135.00	18.525	15.675	4.400	3.830

注:管径、沟渠宽度小于100cm时套沟管定额。

二、管　道　疏　通

1. 人工疏通管道

工作内容:启闭井盖,通沟,清捞污泥、硬块杂物,装拖斗,场内运输,清理场地,工地转移等。　　计量单位:100m

定　额　编　号			5-7
项　目			人工疏通管道
			管道直径≤φ300
基　价　(元)			**185.58**
其 中	人　工　费(元)		181.58
	材　料　费(元)		4.00
	机　械　费(元)		—
名　称	单位	单价(元)	消　耗　量
人工 二类人工	工日	135.00	1.345
材料 其他材料费	元	1.00	4.000

2. 人工摇车疏通管道

工作内容:安放摇车、启闭井盖、引绳、安放滑轮架、疏通、清捞、场内运输、清理场地、工地转移等。　　计量单位:100m

定　额　编　号			5-8	5-9	5-10
项　目			人工摇车疏通管(管道直径 mm)		
			<φ600	≤φ1 000	>φ1 000
基　价　(元)			**545.28**	**769.98**	**1 387.37**
其 中	人　工　费(元)		448.61	649.49	1 207.31
	材　料　费(元)		4.00	6.00	8.00
	机　械　费(元)		92.67	114.49	172.06
名　称	单位	单价(元)	消　耗　量		
人工 二类人工	工日	135.00	3.323	4.811	8.943
材料 其他材料费	元	1.00	4.000	6.000	8.000
机 手动摇车	台班	30.30	1.840	2.560	4.460
械 载货汽车 4t	台班	369.21	0.100	0.100	0.100

3. 人工摇车疏通涵管

工作内容: 搭拆跳板、安放摇车、启闭井盖、引绳、安放滑轮架、疏通、清捞、场内运输、清理场地、工地转移等。

计量单位:100m

定　额　编　号				5-11	5-12	5-13
项　　目				人工摇车疏通涵管(涵管直径 mm)		
				<φ600	≤φ1 000	>φ1 000
基　价(元)				**806.14**	**1 372.35**	**2 174.52**
其中	人　　工　　费(元)			643.28	1 145.07	1 870.70
	材　　料　　费(元)			6.00	8.00	10.00
	机　　械　　费(元)			156.86	219.28	293.82
	名　　称	单位	单价(元)	消　耗　量		
人工	二类人工	工日	135.00	4.765	8.482	13.857
材料	其他材料费	元	1.00	6.000	8.000	10.000
机械	手动摇车	台班	30.30	2.740	4.800	7.260
	载货汽车 4t	台班	369.21	0.200	0.200	0.200

4. 机动摇车疏通管道

工作内容: 搭拆跳板、安放摇车、启闭井盖、引绳、安放滑轮架、疏通、清捞、场内运输、清理场地、工地转移等。

计量单位:100m

定　额　编　号				5-14	5-15	5-16
项　　目				机动摇车疏通管道(管道直径 mm)		
				<φ600	≤φ1 000	≤φ1 500
基　价(元)				**1 511.93**	**2 060.72**	**3 551.67**
其中	人　　工　　费(元)			603.45	879.39	1 622.30
	材　　料　　费(元)			—	—	—
	机　　械　　费(元)			908.48	1 181.33	1 929.37
	名　　称	单位	单价(元)	消　耗　量		
人工	二类人工	工日	135.00	4.470	6.514	12.017
机械	机械疏沟摇车	台班	200.00	1.778	2.312	3.776
	污泥拖斗车	台班	621.91	0.889	1.156	1.888

5. 水冲车疏通管道

工作内容:装水、启闭井盖、水冲沟管、清理场地、工地转移等。　　　　　　　　　　计量单位:100m

定　额　编　号			5-17	5-18	5-19
项　　　目			水冲车疏通管道(管道直径 mm)		
			< φ600	≤ φ1 000	> φ1 000
基　　价　(元)			**666.34**	**744.33**	**847.24**
其中	人　工　费　(元)		258.80	290.93	369.23
	材　料　费　(元)		9.76	12.20	15.25
	机　械　费　(元)		397.78	441.20	462.76
	名　　称	单位	单价(元)	消　耗　量		
人工	二类人工	工日	135.00	1.917	2.155	2.735
材料	水	m³	4.27	2.286	2.857	3.571
机械	多功能高压疏通车 8 000L	台班	669.55	0.290	0.348	0.377
	污泥拖斗车	台班	621.91	0.260	0.260	0.260
	载货汽车 2t	台班	305.93	0.137	0.152	0.159

6. 联合冲吸车疏通管道

工作内容:装水、启闭井盖、水冲沟管、清捞污泥、清理场地、工地转移等。　　　　　計量单位:100m

定　额　编　号			5-20	5-21	5-22
项　　　目			联合冲吸车疏通管道(管道直径 mm)		
			< φ600	≤ φ1 000	> φ1 000
基　　价　(元)			**1 102.30**	**1 261.09**	**1 432.32**
其中	人　工　费　(元)		271.08	316.04	409.05
	材　料　费　(元)		11.71	14.64	18.30
	机　械　费　(元)		819.51	930.41	1 004.97
	名　　称	单位	单价(元)	消　耗　量		
人工	二类人工	工日	135.00	2.008	2.341	3.030
材料	水	m³	4.27	2.743	3.428	4.285
机械	联合冲吸车	台班	1 582.14	0.494	0.561	0.606
	载货汽车 2t	台班	305.93	0.124	0.140	0.151

三、检查井、雨水口清捞

1. 检查井人工清捞

工作内容:启闭井盖、人工清捞、洗刷检查井、场内运输、清理场地、工地转移等。　　　　　　　计量单位:座

定　额　编　号				5-23	5-24
项　　　目				人工清捞(井深 m)	
				≤3	>3
基　　价（元）				**21.50**	**25.74**
其中	人　　工　　费（元）			21.20	25.38
	材　　料　　费（元）			0.30	0.36
	机　　械　　费（元）			—	—
	名　　称	单位	单价(元)	消　耗　量	
人工	二类人工	工日	135.00	0.157	0.188
材料	其他材料费	元	1.00	0.300	0.360

2. 检查井机械清捞

工作内容:启闭井盖、清捞、现场清理、工地转移等。　　　　　　　　　　　　　　　　　　计量单位:座

定　额　编　号				5-25	5-26
项　　　目				吸泥车清捞	抓泥车清捞
基　　价（元）				**37.47**	**111.56**
其中	人　　工　　费（元）			15.12	44.82
	材　　料　　费（元）			—	—
	机　　械　　费（元）			22.35	66.74
	名　　称	单位	单价(元)	消　耗　量	
人工	二类人工	工日	135.00	0.112	0.332
机械	冲吸污泥车	台班	899.44	0.016	—
	载货汽车 2t	台班	305.93	0.026	0.026
	污泥抓斗车	台班	565.24	—	0.104

注:检查井平面尺寸按1m×1m考虑,不同尺寸检查井按同比例调整机械费用,其他不变。

3. 雨水口清捞

工作内容：1. 启闭井盖、人工清捞、洗刷、场内运输、清理场地、工地转移等；
2. 启闭井盖、清捞、清理场地、工地转移等。

计量单位：座

定　额　编　号					5-27	5-28
项　　目					人工清捞	吸泥车清捞
基　价　（元）					**18.44**	**35.38**
其中	人　　工　　费　（元）				14.04	18.50
	材　　料　　费　（元）				0.12	—
	机　　械　　费　（元）				4.28	16.88
	名　　称	单位	单价（元）		消　耗　量	
人工	二类人工	工日	135.00		0.104	0.137
材料	其他材料费	元	1.00		0.120	—
机械	载货汽车 2t	台班	305.93		0.014	0.014
	冲吸污泥车	台班	899.44		—	0.014

4. 排放口清淤

工作内容：1. 人工清捞、场内运输、清理场地、工地转移等；
2. 检查潜水防护设备、清捞、场内运输、清理场地等。

计量单位：处

定　额　编　号					5-29	5-30
项　　目					人工清捞	潜水员清捞
基　价　（元）					**252.75**	**1 708.39**
其中	人　　工　　费　（元）				123.39	106.25
	材　　料　　费　（元）				—	—
	机　　械　　费　（元）				129.36	1 602.14
	名　　称	单位	单价（元）		消　耗　量	
人工	二类人工	工日	135.00		0.914	0.787
机械	污泥拖斗车	台班	621.91		0.208	—
	潜水服务系统	台班	8 650.00		—	0.182
	载货汽车 2t	台班	305.93		—	0.091

5. 含截污挂篮雨水口养护

工作内容：启闭箅子、截污挂篮清理、雨水口清淤、场地清理、垃圾运至指定地点。

计量单位：座

定　额　编　号				5-31
项　　目				含截污挂篮雨水口养护
基　价　（元）				**78.67**
其中	人　　工　　费　（元）			29.97
	材　　料　　费　（元）			10.00
	机　　械　　费　（元）			38.70
	名　　称	单位	单价（元）	消　耗　量
人工	二类人工	工日	135.00	0.222
材料	其他材料费	元	1.00	10.000
机械	冲吸污泥车	台班	899.44	0.043
	其他机械费	元	1.00	0.020

6. 预处理井养护

工作内容:启闭井盖、垃圾清理、淤积物清理、垃圾运至指定地点。　　　　　　　　　　　计量单位:座

定　额　编　号	5-32
项　　　　目	预处理井养护
基　　价　（元）	**138.48**

其中	人　　工　　费（元）	78.98
	材　　料　　费（元）	10.00
	机　　械　　费（元）	49.50

	名　　称	单位	单价(元)	消　耗　量
人工	二类人工	工日	135.00	0.585
材料	其他材料费	元	1.00	10.000
机	冲吸污泥车	台班	899.44	0.055
械	其他机械费	元	1.00	0.030

注:1. 预处理井包括海绵城市建设过程中使用的源头拦污井、沉砂井等;
　　2. 预处理井维修参照检查井。

7. 渗 井 养 护

工作内容:启闭井盖、垃圾清理、淤积物清理、垃圾运至指定地点。　　　　　　　　　　　计量单位:座

定　额　编　号	5-33
项　　　　目	渗井养护
基　　价　（元）	**82.61**

其中	人　　工　　费（元）	44.55
	材　　料　　费（元）	10.00
	机　　械　　费（元）	28.06

	名　　称	单位	单价(元)	消　耗　量
人工	二类人工	工日	135.00	0.330
材料	其他材料费	元	1.00	10.000
机	吸污车 4t	台班	431.43	0.065
械	其他机械费	元	1.00	0.020

四、升降检查井、雨水口

工作内容:翻挖拆卸盖座,整理,洗刷接口面,拌制砂浆及混凝土,砌砖墙粉刷,安放盖座,混凝土坞膀,填实,场内运输,清理场地。

计量单位:座

定额编号				5-34	5-35	5-36
项目				750×750 以内检查井		
				降低 20cm 以内	升高 20cm 以内	每增加 10cm
基价(元)				**151.87**	**245.42**	**47.04**
其中	人工费(元)			90.32	129.60	19.98
	材料费(元)			59.47	111.37	26.07
	机械费(元)			2.08	4.45	0.99
	名称	单位	单价(元)	消耗量		
人工	二类人工	工日	135.00	0.669	0.96	0.148
材料	现浇现拌混凝土 C20(40)	m^3	284.89	0.166	0.166	—
	标准砖 240×115×53	千块	388.00	—	0.090	0.045
	水泥砂浆 M10.0	m^3	222.61	—	0.037	0.019
	水	m^3	4.27	—	0.019	0.010
	水泥砂浆 1:2	m^3	268.85	0.037	0.067	0.015
	其他材料费	元	1.00	2.230	2.830	0.300
机械	机动翻斗车 1t	台班	197.36	—	0.012	0.005
	其他机械费	元	1.00	2.080	2.080	—

注:井盖座若发生调换则主材费另计。

工作内容:翻挖拆卸盖座,整理,洗刷接口面,拌制砂浆及混凝土,砌砖墙粉刷,安放盖座,混凝土坞膀,填实,场内运输,清理场地。

计量单位:座

定额编号				5-37	5-38	5-39
项目				ϕ700 井筒检查井		
				降低 20cm 以内	升高 20cm 以内	每增加 10cm
基价(元)				**148.66**	**231.64**	**41.61**
其中	人工费(元)			90.32	124.07	16.88
	材料费(元)			56.26	104.11	23.74
	机械费(元)			2.08	3.46	0.99
	名称	单位	单价(元)	消耗量		
人工	二类人工	工日	135.00	0.669	0.919	0.125
材料	现浇现拌混凝土 C20(40)	m^3	284.89	0.166	0.166	—
	标准砖 240×115×53	千块	388.00	—	0.077	0.039
	水泥砂浆 M10.0	m^3	222.61	—	0.032	0.019
	水	m^3	4.27	—	0.016	0.010
	水泥砂浆 1:2	m^3	268.85	0.028	0.063	0.015
	其他材料费	元	1.00	1.440	2.810	0.300
机械	机动翻斗车 1t	台班	197.36	—	0.007	0.005
	其他机械费	元	1.00	2.080	2.080	—

注:井盖座若发生调换则主材费另计。

工作内容:翻挖拆卸盖座,整理,洗刷接口面,拌制砂浆及混凝土,砌砖墙粉刷,安放盖座,混凝土坞膀,填实,场内运输,清理场地。

计量单位:座

定 额 编 号				5-40	5-41	5-42
项 目				单算雨水口		
				降低20cm以内	升高20cm以内	每增加10cm
基 价 (元)				**133.20**	**207.87**	**37.40**
其中	人 工 费 (元)			81.14	112.59	15.80
	材 料 费 (元)			49.98	91.82	20.81
	机 械 费 (元)			2.08	3.46	0.79
名 称		单位	单价(元)	消 耗 量		
人工	二类人工	工日	135.00	0.601	0.834	0.117
材料	现浇现拌混凝土 C20(40)	m³	284.89	0.133	0.133	—
	标准砖 240×115×53	千块	388.00	—	0.072	0.036
	水泥砂浆 M10.0	m³	222.61	—	0.031	0.015
	水	m³	4.27	—	0.015	0.008
	水泥砂浆 1:2	m³	268.85	0.037	0.061	0.012
	其他材料费	元	1.00	2.140	2.630	0.240
机械	机动翻斗车 1t	台班	197.36	—	0.007	0.004
	其他机械费	元	1.00	2.080	2.080	—

注:井盖座若发生调换则主材费另计。

工作内容:翻挖拆卸盖座,整理,洗刷接口面,拌制砂浆及混凝土,砌砖墙粉刷,安放盖座,混凝土坞膀,填实,场内运输,清理场地。

计量单位:座

定 额 编 号				5-43	5-44	5-45
项 目				双算雨水口		
				降低20cm以内	升高20cm以内	每增加10cm
基 价 (元)				**211.46**	**330.41**	**59.16**
其中	人 工 费 (元)			128.79	178.74	24.98
	材 料 费 (元)			79.37	145.61	33.00
	机 械 费 (元)			3.30	6.06	1.18
名 称		单位	单价(元)	消 耗 量		
人工	二类人工	工日	135.00	0.954	1.324	0.185
材料	现浇现拌混凝土 C20(40)	m³	284.89	0.211	0.211	—
	标准砖 240×115×53	千块	388.00	—	0.114	0.057
	水泥砂浆 M10.0	m³	222.61	—	0.049	0.024
	水	m³	4.27	—	0.024	0.013
	水泥砂浆 1:2	m³	268.85	0.059	0.097	0.019
	其他材料费	元	1.00	3.400	4.180	0.380
机械	机动翻斗车 1t	台班	197.36	—	0.014	0.006
	其他机械费	元	1.00	3.300	3.300	—

注:井盖座若发生调换则主材费另计。

五、检查井盖座调换

1. 调换铸铁检查井井盖、井座

工作内容:1. 启闭井盖、清除框体污垢、安装新盖板、场内运输、清理场地等;
2. 启闭井盖、清除框体污垢、拆除旧井座、安装井座、场内运输、清理场地等。

计量单位:见表

定 额 编 号			5-46	5-47
项 目			调换铸铁检查井井盖、井座	
			井盖	井座
计 量 单 位			块	座
基 价 (元)			**47.60**	**176.68**
其中	人 工 费 (元)		17.01	50.76
	材 料 费 (元)		—	9.50
	机 械 费 (元)		30.59	116.42
名 称	单位	单价(元)	消 耗 量	
人工	二类人工	工日	135.00	0.126	0.376
材料	铸铁井盖	块	—	(1.000)	—
	铸铁井座	只	—	—	(1.000)
	水泥砂浆 1:2	m³	268.85	—	0.028
	合金钢钻头 一字型	个	8.62	—	0.010
	六角空心钢 综合	kg	2.48	—	0.016
	高压胶皮风管 φ25-6P-20m	m	15.52	—	0.002
	其他材料费	元	1.00	—	1.820
机械	载货汽车 2t	台班	305.93	0.100	—
	载货汽车 4t	台班	369.21	—	0.100
	内燃空气压缩机 6m³/min	台班	417.52	—	0.182
	手持式风动凿岩机	台班	12.36	—	0.284

2. 防坠网安装

工作内容:启闭盖板、安装螺栓、挂防坠网、清理场地。

计量单位:付

定 额 编 号			5-48
项 目			防坠网安装
基 价 (元)			**98.72**
其中	人 工 费 (元)		10.13
	材 料 费 (元)		78.65
	机 械 费 (元)		9.94
名 称	单位	单价(元)	消 耗 量
人工	二类人工	工日	135.00	0.075
材料	涤纶防坠网	付	56.00	1.000
	膨胀不锈钢螺栓挂钩	套	2.20	8.000
	冲击钻头 φ8~16	个	6.47	0.125
	其他材料费	元	1.00	4.240
机械	载货汽车 2t	台班	305.93	0.025
	柴油发电机 3kW	台班	53.00	0.025
	气体分析仪	台班	38.56	0.025

六、雨水口盖座、进水侧石调换

1. 调换雨水口盖、井座

工作内容: 启闭盖板,拆除旧井盖、座,清除框体污垢,安装井盖、井座,场内运输,清理场地等。　　计量单位:见表

定　额　编　号			5-49	5-50	5-51	5-52
项　　　　目			调换铸铁雨水口		调换混凝土雨水口	
			井盖	井座	井盖	井座
计　量　单　位			块	座	块	座
基　　价　（元）			**27.05**	**62.93**	**26.31**	**69.20**
其中	人　工　费　（元）		16.34	44.69	16.34	44.69
	材　料　费　（元）		—	7.53	—	1.99
	机　械　费　（元）		10.71	10.71	9.97	22.52
名　称	单位	单价（元）	消　耗　量			
人工	二类人工	工日	135.00	0.121	0.331	0.121	0.331
材料	铸铁算子座 510×390	只	—	—	(1.000)	—	—
	铸铁算子盖 510×390	块	—	(1.000)	—	—	—
	混凝土算子座 510×390	只	—	—	—	—	(1.000)
	混凝土算子盖 510×390	块	—	—	—	(1.000)	—
	水泥砂浆 1:2	m³	268.85	—	0.028	—	0.007
	合金钢钻头 一字型	个	8.62	—	—	—	0.009
	六角空心钢 综合	kg	2.48	—	—	—	0.014
机械	载货汽车 2t	台班	305.93	0.035	0.035	—	—
	载货汽车 4t	台班	369.21	—	—	0.027	0.061

2. 调换进水口框盖、进水口侧石

工作内容: 拆除、安装井框盖及侧石,场内运输,清理场地等。　　计量单位:见表

定　额　编　号			5-53	5-54
项　　　　目			调换侧进式雨水口框盖	调换进水口侧石
计　量　单　位			座	m
基　　价　（元）			**149.46**	**39.69**
其中	人　工　费　（元）		110.43	39.15
	材　料　费　（元）		28.32	0.54
	机　械　费　（元）		10.71	—
名　称	单位	单价（元）	消　耗　量	
人工	二类人工	工日	135.00	0.818	0.290
材料	侧进井盖座	套	—	(1.025)	—
	立式雨水口侧石 370×150×1 000	m	—	—	(1.000)
	标准砖 240×115×53	千块	388.00	0.015	—
	现浇现拌混凝土 C15(40)	m³	276.46	0.030	—
	水泥砂浆 M10.0	m³	222.61	0.006	—
	水泥砂浆 1:2	m³	268.85	0.046	0.002
	其他材料费	元	1.00	0.500	—
机械	载货汽车 2t	台班	305.93	0.035	—

七、连管维修

工作内容: 1. UPVC 管:沟槽挖土、铺设基层、下管安管、铺砂、回填夯实、清理场地;

2. 植物纤维增强水泥管:沟槽挖土、铺设基层、浇捣混凝土基础、下管安管、回填夯实、清理场地。

计量单位:100m

定　额　编　号				5-55	5-56	5-57	5-58
项　　目				UPVC 管(管径)		植物纤维增强水泥管 (管径)	
				φ250 以下	φ300	φ250 以下	φ300
基　价　(元)				**20 403.73**	**24 205.27**	**26 628.92**	**37 726.17**
其中	人　工　费		(元)	12 576.47	13 607.87	12 073.86	13 588.16
	材　料　费		(元)	7 799.64	10 564.17	14 505.26	24 080.55
	机　械　费		(元)	27.62	33.23	49.80	57.46
名　称		单位	单价(元)	消　耗　量			
人工	二类人工	工日	135.00	93.159	100.799	89.436	100.653
材料	碎石 综合	t	102.00	18.936	21.641	9.919	12.083
	黄砂 净砂	t	92.23	22.261	31.799	—	—
	现浇现拌混凝土 C15(40)	m³	276.46	—	—	3.553	4.771
	植物纤维增强水泥管 WYI DN200	m	123.00	—	—	101.000	—
	植物纤维增强水泥管 WYI DN300	m	212.00	—	—	—	101.000
	O 型胶圈（承插）φ200	只	2.59	—	—	22.000	—
	O 型胶圈（承插）φ300	只	3.45	—	—	—	22.000
	UPVC 双壁波纹排水管 DN250	m	35.37	101.500	—	—	—
	UPVC 双壁波纹排水管 DN300	m	50.25	—	101.500	—	—
	橡胶密封圈(排水) DN250	个	11.21	18.000	—	—	—
	橡胶圈(UPVC 管) DN300	个	16.69	—	18.000	—	—
	水	m³	4.27	2.325	2.558	3.616	4.856
	其他材料费	元	1.00	13.270	12.250	15.840	20.460
机械	混凝土振捣器 平板式	台班	12.54	0.466	0.665	0.412	0.554
	电动夯实机 250N·m	台班	28.03	0.777	0.888	0.407	0.496
	灰浆搅拌机 400L	台班	161.27	—	—	0.206	0.227

八、管道非开挖修复

工作内容:毒气检测,树脂渗透毡筒,毡筒缠绕于气囊上,在电视引导下到达修复地点,气囊充气
加压,加热固化,气囊减压拉出管道,检测,清理现场等。

计量单位:环

定　额　编　号				5-59	5-60	5-61	5-62
项　　　目				局部树脂固化			
				$\phi300$	$\phi400$	$\phi500$	$\phi600$
基　　价　（元）				4 255.23	4 284.11	5 683.08	5 720.06
其 中	人　　工　　费　（元）			449.96	449.96	551.21	551.21
	材　　料　　费　（元）			3 269.39	3 298.27	4 595.99	4 632.97
	机　　械　　费　（元）			535.88	535.88	535.88	535.88
名　　　称		单位	单价(元)	消　　耗　　量			
人工	二类人工	工日	135.00	3.333	3.333	4.083	4.083
材 料	修补气囊 DN300～400	个	25 000.00	0.125	0.125	—	—
	修补气囊 DN500～600	个	35 000.00	—	—	0.125	0.125
	双组分液体环氧树脂	kg	38.79	3.460	4.120	5.180	6.040
	玻璃纤维布	m²	2.07	0.620	0.830	0.930	1.250
	镀锌铁丝	kg	6.55	0.340	0.340	0.526	0.619
	润滑油	kg	4.33	0.280	0.380	0.470	0.570
	高密度聚乙烯土工膜 $\delta2.0$	m²	25.60	0.096	0.190	0.377	0.452
	防毒面具	只	30.00	0.100	0.100	0.100	0.100
机 械	载货汽车 2t	台班	305.93	0.500	0.500	0.500	0.500
	鼓风机 18m³/min	台班	41.62	0.130	0.130	0.130	0.130
	电动卷扬机 – 单筒快速 5kN	台班	157.60	0.130	0.130	0.130	0.130
	电动空气压缩机 20m³/min	台班	568.57	0.130	0.130	0.130	0.130
	树脂搅拌机	台班	300.00	0.020	0.020	0.020	0.020
	CCTV 检测机器人	台班	2 263.00	0.080	0.080	0.080	0.080
	柴油发电机组 30kW	台班	409.55	0.230	0.230	0.230	0.230
	有毒气体测试仪	台班	93.28	0.020	0.020	0.020	0.020

注:管道修复如发生上下游封堵、管道清理、临排时,费用另计。

工作内容:毒气检测,树脂渗透毡筒,毡筒缠绕于气囊上,在电视引导下到达修复地点,气囊充气
加压,加热固化,气囊减压拉出管道,检测,清理现场等。 计量单位:环

定 额 编 号				5-63	5-64	5-65
项 目				局部树脂固化		
				$\phi 800$	$\phi 1\,000$	$\phi 1\,200$
基 价 (元)				9 686.13	9 784.01	12 439.38
其中	人 工 费 (元)			658.53	658.53	721.58
	材 料 费 (元)			8 491.72	8 589.60	11 181.92
	机 械 费 (元)			535.88	535.88	535.88
名 称		单位	单价(元)	消 耗 量		
人工	二类人工	工日	135.00	4.878	4.878	5.345
材料	修补气囊 DN800~1 000	个	65 000.00	0.125	0.125	—
	修补气囊 DN1 200	个	85 000.00	—	—	0.125
	双组分液体环氧树脂	kg	38.79	8.730	11.140	13.368
	玻璃纤维布	m²	2.07	1.655	2.075	2.490
	镀锌铁丝	kg	6.55	0.806	0.992	1.190
	润滑油	kg	4.33	0.660	0.750	0.90
	高密度聚乙烯土工膜 $\delta 2.0$	m²	25.60	0.528	0.603	0.724
	防毒面具	只	30.00	0.100	0.100	0.100
机械	载货汽车 2t	台班	305.93	0.500	0.500	0.500
	鼓风机 18m³/min	台班	41.62	0.130	0.130	0.130
	电动卷扬机 – 单筒快速 5kN	台班	157.60	0.130	0.130	0.130
	电动空气压缩机 20m³/min	台班	568.57	0.130	0.130	0.130
	树脂搅拌机	台班	300.00	0.020	0.020	0.020
	CCTV 检测机器人	台班	2 263.00	0.080	0.080	0.080
	柴油发电机组 30kW	台班	409.55	0.230	0.230	0.230
	有毒气体测试仪	台班	93.28	0.020	0.020	0.020

注:管道修复如发生上下游封堵、管道清理、临排时,费用另计。

工作内容：毒气检测,设备就位,拉入底膜,拉入玻璃纤维软管,安装扎头及扎头布,连接内管,
　　　　拉入固化设备,内衬固化,拆卸扎头,内衬端口切割,检测,清理现场等。　　　　计量单位:m

定　额　编　号			5-66	5-67	5-68	5-69
项　　　　　目			拉入法 CIPP 紫外光固化			
			φ300	φ400	φ500	φ600
基　价（元）			**1 870.46**	**2 223.22**	**2 878.75**	**3 806.80**
其中	人　工　费（元）		174.83	202.10	220.46	354.24
	材　料　费（元）		1 002.76	1 205.83	1 759.92	2 218.30
	机　械　费（元）		692.87	815.29	898.37	1 234.26
名　　称	单位	单价（元）	消　耗　量			
人工 二类人工	工日	135.00	1.295	1.497	1.633	2.624
材料 室内堵漏胶	kg	—	(0.300)	(0.375)	(0.500)	(0.800)
紫外光固化玻璃纤维软管 DN300×3	m	899.11	1.045	—	—	—
紫外光固化玻璃纤维软管 DN400×3	m	1 081.83	—	1.045	—	—
紫外光固化玻璃纤维软管 DN500×4	m	1 580.70	—	—	1.045	—
紫外光固化玻璃纤维软管 DN600×5	m	1 990.65	—	—	—	1.045
底膜 DN300	m	13.00	1.125	—	—	—
底膜 DN400	m	15.00	—	1.125	—	—
底膜 DN500	m	19.00	—	—	1.125	—
底膜 DN600	m	23.00	—	—	—	1.125
扎头布 DN300	块	238.00	0.046	—	—	—
扎头布 DN400	块	351.00	—	0.046	—	—
扎头布 DN500	块	417.00	—	—	0.046	—
扎头布 DN600	块	483.00	—	—	—	0.046
内防水橡胶止水带	m	87.07	0.047	0.063	0.079	0.094
遇水膨胀橡胶密封圈	m	43.28	0.057	0.075	0.094	0.113
长管式呼吸器	个	1 033.33	—	—	—	0.013
水	m³	4.27	0.030	0.030	0.030	0.030
其他材料费	元	1.00	30.930	33.440	56.460	63.340
机械 载货汽车 8t	台班	411.20	0.056	0.062	0.066	0.080
轴流通风机 7.5kW	台班	45.40	0.026	0.036	0.044	0.073
鼓风机 18m³/min	台班	41.62	0.026	0.036	0.044	0.073
电动卷扬机-单筒快速 15kN	台班	187.69	0.055	0.066	0.073	0.102
紫外光固化修复设备	台班	8 500.00	0.055	0.066	0.073	0.102
CCTV 检测机器人	台班	2 263.00	0.026	0.026	0.026	0.026
电动空气压缩机 20m³/min	台班	568.57	0.055	0.066	0.073	0.102
汽车式起重机 10t	台班	709.76	0.056	0.062	0.073	0.102
液压动力渣浆泵 4 寸	台班	297.60	0.026	0.036	0.044	0.073
多功能高压疏通车 罐容量 12 000L	台班	3 065.30	0.002	0.002	0.002	0.002
有毒气体测试仪	台班	93.28	0.026	0.036	0.044	0.073
对讲机（一对）	台班	4.61	—	—	—	0.073
其他机械费	元	1.00	43.610	52.700	57.720	84.640

工作内容:毒气检测,设备就位,拉入底膜,拉入玻璃纤维软管,安装扎头及扎头布,连接内管,
拉入固化设备,内衬固化,拆卸扎头,内衬端口切割,检测,清理现场等。　　　　　　　计量单位:m

定　额　编　号			5-70	5-71	5-72	5-73
项　　　　目			拉入法 CIPP 紫外光固化			
			φ800	φ1 000	φ1 200	φ1 400
基　　价　(元)			**5 146.39**	**7 518.84**	**9 278.44**	**12 543.51**
其中	人　工　费　(元)		403.11	536.90	593.60	792.32
	材　料　费　(元)		3 337.89	5 342.69	6 863.69	9 597.01
	机　械　费　(元)		1 405.39	1 639.25	1 821.15	2 154.18
名　　称	单位	单价(元)	消　耗　量			
人工	二类人工	工日	135.00	2.986	3.977	4.397	5.869
材料	室内堵漏胶	kg	—	(1.075)	(1.200)	(1.225)	(1.425)
	紫外光固化玻璃纤维软管 DN800×6	m	2 981.96	1.045	—	—	—
	紫外光固化玻璃纤维软管 DN1 000×7	m	4 835.12	—	1.045	—	—
	紫外光固化玻璃纤维软管 DN1 200×8	m	6 246.62	—	—	1.045	—
	紫外光固化玻璃纤维软管 DN1 400×8	m	8 800.00	—	—	—	1.045
	底膜 DN800	m	31.00	1.125	—	—	—
	底膜 DN1 000	m	38.50	—	1.125	—	—
	底膜 DN1 200	m	45.90	—	—	1.125	—
	底膜 DN1 400	m	51.50	—	—	—	1.125
	扎头布 DN800	块	635.00	0.046	—	—	—
	扎头布 DN1 000	块	750.00	—	0.046	—	—
	扎头布 DN1 200	块	786.00	—	—	0.046	—
	扎头布 DN1 400	块	926.00	—	—	—	0.046
	内防水橡胶止水带	m	87.07	0.125	0.157	0.184	0.220
	遇水膨胀橡胶密封圈	m	43.28	0.151	0.188	0.226	0.264
	长管式呼吸器	个	1 033.33	0.053	0.074	0.082	0.110
	水	m³	4.27	0.034	0.034	0.034	0.034
	其他材料费	元	1.00	85.330	113.760	137.500	156.080
机械	载货汽车 8t	台班	411.20	0.087	0.098	0.106	0.120
	鼓风机 18m³/min	台班	41.62	0.087	0.109	0.124	0.153
	电动卷扬机-单筒快速 15kN	台班	187.69	0.117	0.138	0.153	0.182
	紫外光固化修复设备	台班	8 500.00	0.117	0.138	0.153	0.182
	CCTV 检测机器人	台班	2 263.00	0.026	0.026	0.026	0.026
	轴流通风机 7.5kW	台班	45.40	0.087	0.109	0.124	0.153
	电动空气压缩机 20m³/min	台班	568.57	0.117	0.138	0.153	0.182
	汽车式起重机 10t	台班	709.76	0.117	0.138	0.153	0.182
	液压动力渣浆泵 4 寸	台班	297.60	0.087	0.084	0.124	0.153
	多功能高压疏通车 罐容量 12 000L	台班	3 065.30	0.002	0.002	0.002	0.002
	有毒气体测试仪	台班	93.28	0.087	0.084	0.124	0.153
	对讲机(一对)	台班	4.61	0.087	0.109	0.120	0.153
	其他机械费	元	1.00	96.640	115.850	127.980	152.230

工作内容:毒气检测,设备就位,翻转送入辅助内衬管,翻转送入树脂软管,温水加热固化,
内衬端口切割,检测,清理现场等。　　　　　　　　　　　　　　　　　　**计量单位**:m

定 额 编 号			5-74	5-75	5-76	5-77
项 目			CIPP 翻转内衬			
			φ300	φ400	φ500	φ600
基 价 (元)			**1 487.47**	**1 921.64**	**2 402.30**	**2 713.10**
其中	人 工 费 (元)		36.59	36.59	41.31	41.31
	材 料 费 (元)		973.92	1 408.09	1 810.27	2 119.13
	机 械 费 (元)		476.96	476.96	550.72	552.66
名 称	单位	单价(元)	消 耗 量			
人工 二类人工	工日	135.00	0.271	0.271	0.306	0.306
材料 DN300 聚酯纤维软管 6mm	m	722.82	1.148	—	—	—
DN400 聚酯纤维软管 6mm	m	1 050.85	—	1.148	—	—
DN500 聚酯纤维软管 7.5mm	m	1 360.75	—	—	1.148	—
DN600 聚酯纤维软管 7.5mm	m	1 600.70	—	—	—	1.148
DN300 纤维软管	m	339.74	0.095	—	—	—
DN400 纤维软管	m	493.90	—	0.095	—	—
DN500 纤维软管	m	639.55	—	—	0.095	—
DN600 纤维软管	m	752.33	—	—	—	0.101
DN300 辅助内衬管	m	16.50	1.148	—	—	—
DN400 辅助内衬管	m	22.90	—	1.148	—	—
DN500 辅助内衬管	m	27.90	—	—	1.148	—
DN600 辅助内衬管	m	32.90	—	—	—	1.148
耐高温水带 φ100	m	48.00	0.050	0.050	0.050	0.050
硅油	kg	23.00	0.086	0.115	0.143	0.172
水	m³	4.27	0.171	0.281	0.423	0.596
铁件 综合	kg	6.90	4.401	4.442	4.471	5.109
柴油	kg	5.09	1.460	2.280	3.340	4.640
其他材料费	元	1.00	50.000	80.000	100.000	100.000
机械 电动空气压缩机 3m³/min	台班	122.54	0.039	0.039	0.046	0.046
电动空气压缩机 9m³/min	台班	346.77	0.039	0.039	0.046	0.046
多功能高压疏通车 5 000L	台班	572.48	0.003	0.003	0.003	0.003
热水固化一体式加热车	台班	5 851.90	0.049	0.049	0.057	0.057
CCTV 检测机器人	台班	2 263.00	0.049	0.049	0.057	0.057
汽车式起重机 8t	台班	648.48	0.024	0.024	0.021	0.024
液压动力渣浆泵 4 寸	台班	297.60	0.049	0.049	0.057	0.057
气动切割锯	台班	380.00	0.039	0.039	0.046	0.046
电动卷扬机 – 单筒快速 15kN	台班	187.69	0.039	0.039	0.046	0.046
轴流通风机 7.5kW	台班	45.40	0.049	0.049	0.057	0.057
对讲机(一对)	台班	4.61	0.049	0.049	0.057	0.057
有毒气体测试仪	台班	93.28	0.049	0.049	0.057	0.057

工作内容:毒气检测,设备就位,翻转送入辅助内衬管,翻转送入树脂软管,温水加热固化,
内衬端口切割,检测,清理现场等。 计量单位:m

定 额 编 号				5-78	5-79	5-80	5-81
项 目				CIPP 翻转内衬			
				φ800	φ1 000	φ1 200	φ1 400
基 价 (元)				**4 091.72**	**5 187.32**	**7 068.03**	**8 741.14**
其中	人 工 费 (元)			46.58	46.44	63.99	63.99
	材 料 费 (元)			3 416.77	4 512.51	6 080.23	7 753.34
	机 械 费 (元)			628.37	628.37	923.81	923.81
	名 称	单位	单价(元)	消 耗 量			
人工	二类人工	工日	135.00	0.345	0.344	0.474	0.474
材　　　料	DN800 聚酯纤维软管 12mm	m	2 607.80	1.148	—	—	—
	DN800 纤维软管	m	1 225.67	0.109	—	—	—
	DN800 辅助内衬管	m	44.20	1.148	—	—	—
	耐高温水带 φ100	m	48.00	0.050	0.050	0.050	0.050
	硅油	kg	23.00	0.229	0.286	0.344	0.386
	水	m³	4.27	1.039	1.605	2.301	2.902
	铁件 综合	kg	6.90	5.248	5.386	5.969	6.034
	柴油	kg	5.09	7.930	12.170	17.350	21.850
	DN1 000 聚酯纤维软管 14mm	m	3 492.90	—	1.148	—	—
	DN1 200 聚酯纤维软管 18mm	m	4 704.80	—	—	1.148	—
	DN1 400 聚酯纤维软管 18mm	m	6 066.00	—	—	—	1.148
	DN1 000 纤维软管	m	1 641.66	—	0.109	—	—
	DN1 200 纤维软管	m	2 211.26	—	—	0.115	—
	DN1 400 纤维软管	m	2 851.00	—	—	—	0.115
	DN1 000 辅助内衬管	m	51.20	—	1.148	—	—
	DN1 200 辅助内衬管	m	65.50	—	—	1.148	—
	DN1 400 辅助内衬管	m	74.20	—	—	—	1.148
	其他材料费	元	1.00	150.000	150.000	200.000	200.000
机　　　械	电动空气压缩机 3m³/min	台班	122.54	0.053	0.053	0.076	0.076
	电动空气压缩机 9m³/min	台班	346.77	0.053	0.053	0.076	0.076
	多功能高压疏通车 5 000L	台班	572.48	0.003	0.003	0.003	0.003
	热水固化一体式加热车	台班	5 851.90	0.065	0.065	0.095	0.095
	CCTV 检测机器人	台班	2 263.00	0.065	0.065	0.095	0.095
	汽车式起重机 8t	台班	648.48	0.024	0.024	0.047	0.047
	液压动力渣浆泵 4 寸	台班	297.60	0.065	0.065	0.095	0.095
	气动切割锯	台班	380.00	0.053	0.053	0.076	0.076
	电动卷扬机 – 单筒快速 15kN	台班	187.69	0.053	0.053	0.076	0.076
	轴流通风机 7.5kW	台班	45.40	0.065	0.065	0.095	0.095
	对讲机(一对)	台班	4.61	0.065	0.065	0.095	0.095
	有毒气体测试仪	台班	93.28	0.065	0.065	0.095	0.095

工作内容:毒气检测,设备就位,翻转送入辅助内衬管,翻转送入树脂软管,温水加热固化, 内衬端口切割,检测,清理现场等。

计量单位:m

定额编号			5-82	5-83	5-84	5-85	5-86
项　目			CIPP 翻转内衬				
			φ1 600	φ1 800	φ2 000	φ2 200	φ2 400
基　价　(元)			**12 408.26**	**13 853.34**	**16 594.74**	**22 789.84**	**24 735.81**
其中	人　工　费　(元)		63.99	63.99	97.20	97.20	97.20
	材　料　费　(元)		11 420.46	12 865.54	15 096.31	21 291.41	23 237.38
	机　械　费　(元)		923.81	923.81	1 401.23	1 401.23	1 401.23
名　称	单位	单价(元)	消　耗　量				
人工	二类人工	工日	135.00	0.474	0.474	0.72	0.72	0.72
材料	耐高温水带 φ100	m	48.00	0.050	0.050	0.050	0.050	0.050
	硅油	kg	23.00	0.458	0.515	0.572	1.258	1.373
	水	m³	4.27	4.022	5.09	3.142	5.207	8.098
	铁件 综合	kg	6.90	13.788	17.451	5.386	11.849	12.926
	柴油	kg	5.09	31.155	39.431	12.17	26.774	29.208
	DN1 600 聚酯纤维软管 22mm	m	8 965.52	1.148	—	—	—	—
	DN1 800 聚酯纤维软管 25mm	m	10 086.21	—	1.148	—	—	—
	DN1 600 纤维软管	m	4 213.79	0.115	—	—	—	—
	DN1 800 纤维软管	m	4 740.52	—	0.115	—	—	—
	DN1 600 辅助内衬管	m	95.50	1.148	—	—	—	—
	DN1 800 辅助内衬管	m	117.00	—	1.148	—	—	—
	DN2 000 聚酯纤维软管 27mm	m	12 068.97	—	—	1.148	—	—
	DN2 200 聚酯纤维软管 30mm	m	17 068.97	—	—	—	1.148	—
	DN2 400 聚酯纤维软管 35mm	m	18 620.69	—	—	—	—	1.148
	DN2 000 纤维软管	m	5 672.41	—	—	0.115	—	—
	DN2 200 纤维软管	m	8 022.41	—	—	—	0.115	—
	DN2 400 纤维软管	m	8 751.72	—	—	—	—	0.115
	DN2 000 辅助内衬管	m	140.00	—	—	1.148	—	—
	DN2 200 辅助内衬管	m	176.00	—	—	—	1.148	—
	DN2 400 辅助内衬管	m	216.00	—	—	—	—	1.148
	其他材料费	元	1.00	250.000	250.000	300.000	300.000	300.000
机械	电动空气压缩机 3m³/min	台班	122.54	0.076	0.076	0.116	0.116	0.116
	电动空气压缩机 9m³/min	台班	346.77	0.076	0.076	0.116	0.116	0.116
	多功能高压疏通车 5 000L	台班	572.48	0.003	0.003	0.005	0.005	0.005
	热水固化一体式加热车	台班	5 851.90	0.095	0.095	0.144	0.144	0.144
	CCTV 检测机器人	台班	2 263.00	0.095	0.095	0.144	0.144	0.144
	汽车式起重机 8t	台班	648.48	0.047	0.047	0.071	0.071	0.071
	液压动力渣浆泵 4 寸	台班	297.60	0.095	0.095	0.144	0.144	0.144
	气动切割锯	台班	380.00	0.076	0.076	0.116	0.116	0.116
	电动卷扬机 – 单筒快速 15kN	台班	187.69	0.076	0.076	0.116	0.116	0.116
	轴流通风机 7.5kW	台班	45.40	0.095	0.095	0.144	0.144	0.144
	对讲机(一对)	台班	4.61	0.095	0.095	0.144	0.144	0.144
	有毒气体测试仪	台班	93.28	0.095	0.095	0.144	0.144	0.144

九、管道封堵

1.封堵管口

工作内容:闭启井盖,有毒气体测试、强制通风,封堵管口,抽水,砖砌封堵,场内运输,清理场地等。　　　　计量单位:只

定　额　编　号				5-87	5-88
项　　　目				砖封管道	
				φ500 以内	φ600
基　价　（元）				**373.45**	**500.64**
其中	人　工　费　（元）			240.44	297.00
	材　料　费　（元）			60.63	91.05
	机　械　费　（元）			72.38	112.59
名　　称		单位	单价(元)	消　耗　量	
人工	二类人工	工日	135.00	1.781	2.200
材料	标准砖 240×115×53	千块	388.00	0.028	0.042
	水泥砂浆 1:2	m³	268.85	0.002	0.003
	草袋	个	3.62	12.000	18.000
	水泥砂浆 M10.0	m³	222.61	0.013	0.020
	其他材料费	元	1.00	2.890	4.340
机械	载货汽车 2t	台班	305.93	0.196	0.241
	潜水泵 100mm	台班	30.38	0.391	0.482
	有毒气体测试仪	台班	93.28	—	0.250
	其他机械费	元	1.00	0.540	0.900

注:1.砌砖厚度按120mm考虑,实际不同时调整砌筑材料用量,其余不变;
　　2.管道直径>φ600 时,基价按砖封截面积同比例换算。

工作内容:启闭井盖,有毒气体测试,强制通风,清理管口淤泥,塞管塞,管塞充气,场内运输、
　　　　　清理场地等。　　　　　　　　　　　　　　　　　　　　　　计量单位:只

定　额　编　号				5-89	5-90
项　　　目				气囊封堵	
				φ500 以内	φ600
基　价　（元）				**692.60**	**1 013.75**
其中	人　工　费　（元）			174.15	190.35
	材　料　费　（元）			450.90	751.50
	机　械　费　（元）			67.55	71.90
名　　称		单位	单价(元)	消　耗　量	
人工	二类人工	工日	135.00	1.290	1.410
材料	充气管塞 500	个	2 700.00	0.167	—
	充气管塞 600	个	4 500.00	—	0.167
机械	载货汽车 2t	台班	305.93	0.142	0.156
	有毒气体测试仪	台班	93.28	0.250	0.250
	其他机械费	元	1.00	0.790	0.850

注:1.管道直径>φ600 时,充气管塞按实调整,其他不变;
　　2.如发生潜水封堵时,每个气囊封堵增加潜水服务系统0.1 台班,其余不变。

工作内容:启闭井盖,有毒气体测试,强制通风,检查防护设备,下井清障,封堵,场内运输、清理
场地等。

计量单位:只

定 额 编 号			5-91	5-92	5-93	5-94
项 目			潜水砖封			
			$\phi\leqslant500$	$\phi\leqslant600$	$\phi\leqslant800$	$\phi\leqslant1\,000$
基 价 (元)			**3 371.02**	**5 335.73**	**6 800.91**	**8 417.32**
其中	人 工 费 (元)		198.05	210.20	294.57	470.61
	材 料 费 (元)		46.05	85.38	218.35	346.39
	机 械 费 (元)		3 126.92	5 040.15	6 287.99	7 600.32
名 称	单位	单价(元)	消 耗 量			
人工 二类人工	工日	135.00	1.467	1.557	2.182	3.486
材料 快燥精	kg	12.00	2.083	3.986	9.975	15.957
水泥砂浆 1:2	m³	268.85	0.037	0.071	0.179	0.286
标准砖 240×115×53	千块	388.00	0.026	0.043	0.118	0.182
其他材料费	元	1.00	1.020	1.780	4.740	7.400
机 载货汽车 2t	台班	305.93	0.167	0.283	0.353	0.567
潜水服务系统	台班	8 650.00	0.350	0.567	0.706	0.850
有毒气体测试仪	台班	93.28	0.500	0.500	0.750	0.750
械 其他机械费	元	1.00	1.690	2.380	3.140	4.400

工作内容:启闭井盖,有毒气体测试,强制通风,检查防护设备,下井清障,封堵,场内运输、清理
场地等。

计量单位:只

定 额 编 号			5-95	5-96	5-97	5-98
项 目			潜水砖封			
			$\phi\leqslant1\,200$	$\phi\leqslant1\,400$	$\phi\leqslant1\,600$	$\phi\leqslant1\,800$
基 价 (元)			**9 874.82**	**11 161.01**	**13 296.38**	**15 494.77**
其中	人 工 费 (元)		684.32	768.02	1 299.38	1 628.78
	材 料 费 (元)		672.39	915.70	1 801.29	2 273.73
	机 械 费 (元)		8 518.11	9 477.29	10 195.71	11 592.26
名 称	单位	单价(元)	消 耗 量			
人工 二类人工	工日	135.00	5.069	5.689	9.625	12.065
材料 快燥精	kg	12.00	31.211	42.504	83.663	105.586
水泥砂浆 1:2	m³	268.85	0.560	0.763	1.502	1.895
标准砖 240×115×53	千块	388.00	0.346	0.471	0.921	1.168
其他材料费	元	1.00	13.050	17.770	36.170	44.040
机 载货汽车 2t	台班	305.93	0.663	0.965	1.454	2.049
潜水服务系统	台班	8 650.00	0.950	1.050	1.110	1.250
有毒气体测试仪	台班	93.28	1.000	1.000	1.500	1.500
械 其他机械费	元	1.00	4.500	6.290	9.470	12.990

工作内容:启闭井盖,有毒气体测试,强制通风,检查防护设备,下井清障,封堵,场内运输、清理场地等。

计量单位:只

定 额 编 号				5-99	5-100	5-101
项 目				潜水砖封		
				φ≤2 000	φ≤2 200	φ≤2 400
基 价 (元)				**19 681.29**	**21 753.27**	**27 778.88**
其中	人 工 费 (元)			1 773.09	2 221.43	2 943.14
	材 料 费 (元)			3 755.07	4 553.43	5 409.80
	机 械 费 (元)			14 153.13	14 978.41	19 425.94
名 称		单位	单价(元)	消 耗 量		
人工	二类人工	工日	135.00	13.134	16.455	21.801
材料	快燥精	kg	12.00	174.630	211.150	251.647
	水泥砂浆 1:2	m³	268.85	3.135	3.790	4.517
	标准砖 240×115×53	千块	388.00	1.918	2.351	2.761
	其他材料费	元	1.00	72.480	88.500	104.370
机械	载货汽车 2t	台班	305.93	2.538	2.688	3.497
	潜水服务系统	台班	8 650.00	1.523	1.613	2.098
	有毒气体测试仪	台班	93.28	2.000	2.000	2.000
	其他机械费	元	1.00	16.170	17.060	21.840

2. 拆 除 封 堵

工作内容:抽水、拆除,旧料场内运输,清理场地等。

计量单位:只

定 额 编 号				5-102	5-103
项 目				拆除砖封堵	
				φ≤500	φ600
基 价 (元)				**255.98**	**373.29**
其中	人 工 费 (元)			212.76	304.56
	材 料 费 (元)			—	—
	机 械 费 (元)			43.22	68.73
名 称		单位	单价(元)	消 耗 量	
人工	二类人工	工日	135.00	1.576	2.256
机械	载货汽车 4t	台班	369.21	0.105	0.167
	潜水泵 100mm	台班	30.38	0.105	0.167
	其他机械费	元	1.00	1.260	2.000

工作内容:启闭井盖,有毒气体测试、强制通风,管塞放气,拆除管塞,清理场地等。　　　　　　　　　计量单位:只

定　额　编　号				5-104	5-105
项　　　目				拆除气囊封堵	
				φ500 以内	φ≥600
基　　价　（元）				**164.05**	**188.15**
其中	人　工　费　（元）			112.05	130.95
	材　料　费　（元）			—	—
	机　械　费　（元）			52.00	57.20
名　称		单位	单价（元）	消　耗　量	
人工	二类人工	工日	135.00	0.830	0.970
机械	载货汽车 2t	台班	305.93	0.109	0.126
	有毒气体测试仪	台班	93.28	0.200	0.200

　　注:如发生潜水拆除封堵时,每个气囊封堵增加潜水服务系统0.05台班,其余不变。

工作内容:启闭井盖,有毒气体测试,强制通风,检查防护设备,下井拆除,旧料运出井外,
　　　　场内运输,清理现场等。　　　　　　　　　　　　　　　　　　　计量单位:只

定　额　编　号				5-106	5-107	5-108	5-109
项　　　目				潜水拆砖封			
				φ≤500	φ≤600	φ≤800	φ≤1 000
基　　价　（元）				**2 032.38**	**2 939.10**	**3 289.59**	**4 739.98**
其中	人　工　费　（元）			107.46	124.88	167.40	318.06
	材　料　费　（元）			—	—	—	—
	机　械　费　（元）			1 924.92	2 814.22	3 122.19	4 421.92
名　称		单位	单价（元）	消　耗　量			
人工	二类人工	工日	135.00	0.796	0.925	1.240	2.356
机械	载货汽车 2t	台班	305.93	0.108	0.159	0.176	0.248
	潜水服务系统	台班	8 650.00	0.216	0.317	0.352	0.497
	有毒气体测试仪	台班	93.28	0.250	0.250	0.250	0.500
	其他机械费	元	1.00	0.160	0.210	0.230	0.360

工作内容:启闭井盖,有毒气体测试,强制通风,检查防护设备,下井拆除,旧料运出井外,
　　　　场内运输,清理现场等。　　　　　　　　　　　　　　　　　　　计量单位:只

定　额　编　号				5-110	5-111	5-112	5-113
项　　　目				潜水拆砖封			
				φ≤1 200	φ≤1 400	φ≤1 600	φ≤1 800
基　　价　（元）				**5 671.70**	**6 758.05**	**7 475.00**	**8 636.35**
其中	人　工　费　（元）			395.69	478.44	731.57	1 041.12
	材　料　费　（元）			—	—	—	—
	机　械　费　（元）			5 276.01	6 279.61	6 743.43	7 595.23
名　称		单位	单价（元）	消　耗　量			
人工	二类人工	工日	135.00	2.931	3.544	5.419	7.712
机械	载货汽车 2t	台班	305.93	0.297	0.354	0.597	0.864
	潜水服务系统	台班	8 650.00	0.594	0.708	0.753	0.842
	有毒气体测试仪	台班	93.28	0.500	0.500	0.500	0.500
	其他机械费	元	1.00	0.410	0.470	0.700	0.970

工作内容:启闭井盖,有毒气体测试,强制通风,检查防护设备,下井拆除,旧料运出井外,
场内运输,清理现场等。

计量单位:只

定 额 编 号			5-114	5-115	5-116
项 目			潜水拆砖封		
			φ≤2 000	φ≤2 200	φ≤2 400
基 价 (元)			**9 386.05**	**10 017.35**	**12 878.21**
其中	人 工 费 (元)		1 123.47	1 262.25	1 530.09
	材 料 费 (元)		—	—	—
	机 械 费 (元)		8 262.58	8 755.10	11 348.12
名 称	单位	单价(元)	消 耗 量		
人工 二类人工	工日	135.00	8.322	9.350	11.334
机械 载货汽车 2t	台班	305.93	0.933	1.044	1.263
潜水服务系统	台班	8 650.00	0.914	0.967	1.259
有毒气体测试仪	台班	93.28	0.750	0.750	0.750
其他机械费	元	1.00	1.090	1.200	1.420

十、巡 视 检 测

工作内容:启闭井盖、有毒气体测试、强制通风、引绳、设备调试、检测设备下井、管道检测、
图像判读、读取检测设备、清理装车、运输等。

计量单位:100m

定 额 编 号			5-117
项 目			声纳检测
基 价 (元)			**1 140.93**
其中	人 工 费 (元)		312.53
	材 料 费 (元)		—
	机 械 费 (元)		828.40
名 称	单位	单价(元)	消 耗 量
人工 二类人工	工日	135.00	2.315
机械 汽油发电机组 6kW	台班	247.70	0.412
载货汽车 2t	台班	305.93	0.412
声纳检测仪	台班	1 407.87	0.412
有毒气体测试仪	台班	93.28	0.206
其他机械费	元	1.00	1.050

工作内容:启闭井盖、设备调试、管道检测、清理场地等。

计量单位:段

定 额 编 号					5-118
项 目					潜望镜检测
基 价 (元)					**84.02**
其中	人 工 费 (元)				15.66
	材 料 费 (元)				—
	机 械 费 (元)				68.36
名 称		单位	单价(元)	消 耗 量	
人工	二类人工	工日	135.00	0.116	
机械	QV 检测系统	台班	1 726.00	0.028	
	柴油发电机组 30kW	台班	409.55	0.028	
	载货汽车 2t	台班	305.93	0.028	

工作内容:启闭井盖、有毒气体测试、强制通风、下井管道检测、拍照录像、返回清理现场。

计量单位:100m

定 额 编 号					5-119
项 目					人工管道检测
基 价 (元)					**2 069.33**
其中	人 工 费 (元)				675.00
	材 料 费 (元)				—
	机 械 费 (元)				1 394.33
名 称		单位	单价(元)	消 耗 量	
人工	二类人工	工日	135.00	5.000	
机械	载货汽车 2t	台班	305.93	1.670	
	鼓风机 8m³/min	台班	26.17	1.670	
	柴油发电机组 30kW	台班	409.55	1.670	
	有毒气体测试仪	台班	93.28	1.670	

工作内容:检查并记录管道污水冒溢、井盖和雨水篦缺损、管道塌陷、违章占压、违章排放、
私接管道等情况。

计量单位:km

定 额 编 号					5-120
项 目					日常巡视检测
基 价 (元)					**13.50**
其中	人 工 费 (元)				13.50
	材 料 费 (元)				—
	机 械 费 (元)				—
名 称		单位	单价(元)	消 耗 量	
人工	二类人工	工日	135.00	0.100	

十一、保养潮、闸门

工作内容:拆装,清洗,上油,除垃圾,换橡皮、钢丝绳、螺栓、螺帽、销子,敲铲铁锈,除漆,围护栏杆清洗维护。 **计量单位**:座

定 额 编 号					5-121	5-122
项 目					保养－潮门	保养－闸门
基 价 (元)					**59.75**	**204.96**
其中	人 工 费 (元)				44.69	176.99
	材 料 费 (元)				6.56	12.67
	机 械 费 (元)				8.50	15.30
名 称		单位	单价(元)		消 耗 量	
人工	二类人工	工日	135.00		0.331	1.311
材料	其他材料费	元	1.00		6.560	12.670
机械	其他机械费	元	1.00		8.500	15.300

十二、下井安全防护措施

工作内容:排风扇安拆,给氧机安拆,潜水衣使用,安全用具,对讲机,测气仪器,发电机,下井人员体检,配备安检人员,监护人员,警示装置,安全维护,交通指挥人员等。 **计量单位**:项

定 额 编 号					5-123	5-124
项 目					下井安全防护措施	
					下井人数2人	每增减一人
基 价 (元)					**2 141.35**	**578.77**
其中	人 工 费 (元)				675.00	—
	材 料 费 (元)				1 039.27	492.27
	机 械 费 (元)				427.08	86.50
名 称		单位	单价(元)		消 耗 量	
人工	二类人工	工日	135.00		5.000	—
材料	体检费	次	480.00		2.000	1.000
	水	m³	4.27		1.000	1.000
	气体检测费	元	1.00		50.000	—
	其他材料费	元	1.00		25.000	8.000
机械	潜水服务系统	台班	8 650.00		0.020	0.010
	柴油发电机组 30kW	台班	409.55		0.330	—
	载货汽车 6t	台班	396.42		0.300	—

十三、泵站清疏

工作内容:关闭进出水闸阀、通风、排水、清淤、冲洗、局部破损修复等。 计量单位:10m³

	定额编号			5-125
	项目			泵站清疏
	基价(元)			**4 151.00**
其	人 工 费(元)			2 748.33
	材 料 费(元)			46.33
中	机 械 费(元)			1 356.34
	名 称	单位	单价(元)	消 耗 量
人工	二类人工	工日	135.00	20.358
材料	机油 综合	kg	2.91	0.500
	棉纱	kg	10.34	1.000
	破布	kg	6.90	0.600
	黄油	kg	9.05	1.000
	石棉盘根 $\phi6\sim10$	kg	6.64	2.000
	砂纸	张	0.52	5.000
	汽油 综合	kg	6.12	0.500
	其他材料费	元	1.00	2.400
机械	载货汽车 6t	台班	396.42	1.300
	泥浆泵 100mm	台班	205.25	1.300
	电动卷扬机 – 单筒快速 5kN	台班	157.60	3.500
	其他机械费	元	1.00	22.570

注:安全措施费用参照下井安全防护措施。

十四、电机检修保养

工作内容：电机内部除尘、维护调整传动部分、接线端子检查、除锈上漆、接地检查。　　　　计量单位：台

	定　额　编　号			5-126	5-127
	项　　　目			100kW 以内	100kW 以上
	基　价　(元)			**720.27**	**864.99**
其	人　工　费　(元)			654.48	768.83
	材　料　费　(元)			54.56	84.93
中	机　械　费　(元)			11.23	11.23
	名　称	单位	单价(元)	消　耗　量	
人工	二类人工	工日	135.00	4.848	5.695
材料	扁钢 Q235B 综合	kg	3.96	2.040	2.400
	自粘性橡胶带 20mm×5m	卷	15.37	0.900	1.200
	电力复合脂	kg	17.24	0.055	0.065
	黄腊带 20mm×10m	卷	1.29	2.500	3.450
	汽油 综合	kg	6.12	0.600	2.000
	润滑油	kg	4.33	0.600	1.400
	焊锡	kg	103.00	0.200	0.300
	焊锡膏	kg	31.03	0.020	0.030
	电焊条	kg	4.31	0.100	0.100
	其他材料费	元	1.00	0.550	0.850
机械	交流弧焊机 21kV·A	台班	63.33	0.100	0.100
	电动空气压缩机 0.6m³/min	台班	33.06	0.130	0.130
	其他机械费	元	1.00	0.600	0.600

十五、水泵检修保养

工作内容:外观保洁,盘车,振动和异声检查,轴承润滑检查,检查联轴器,轴封机构的填料检查,
各部连接螺栓检查,铭牌清洗,温度、泄漏及湿度传感器等检查。 计量单位:台

定 额 编 号				5-128	5-129	5-130
项 目				轴流泵(导叶式混流泵)		
				口径		
				≤500	≤700	≤900
基 价 (元)				**622.17**	**787.80**	**982.08**
其中	人 工 费 (元)			283.50	418.50	560.25
	材 料 费 (元)			320.17	350.80	403.33
	机 械 费 (元)			18.50	18.50	18.50
名 称		单位	单价(元)	消 耗 量		
人工	二类人工	工日	135.00	2.100	3.100	4.150
材料	黄油	kg	9.05	10.200	12.240	16.320
	煤油	kg	3.79	10.200	10.200	10.200
	机油 综合	kg	2.91	15.345	17.391	20.460
	橡胶板 δ1-15	kg	5.09	3.075	3.588	4.100
	橡胶石棉盘根 编织 φ11~25(250℃)	kg	17.93	5.100	5.100	5.100
	聚四氟乙烯生料带 26mm×0.1mm	m	0.43	8.240	9.270	10.300
	青壳纸 δ0.1~1.0	kg	4.31	0.102	0.102	0.102
	铁砂布 0#~2#	张	1.03	3.060	4.080	5.100
	调和漆	kg	11.21	1.060	1.060	1.060
	其他材料费	元	1.00	18.440	20.550	23.120
机械	其他机械费	元	1.00	18.500	18.500	18.500

注:如发生场外维修保养时,场外运输台班另计,其余不变。

工作内容:外观保洁,盘车,振动和异声检查,轴承润滑检查,检查联轴器,轴封机构的填料检查,
各部连接螺栓检查,铭牌清洗,温度、泄漏及湿度传感器等检查。　　　　计量单位:台

定　额　编　号			5-131	5-132
项　　目			轴流泵(导叶式混流泵)	
			口径	
			≤1 200	≤1 400
基　价　(元)			**1 066.51**	**1 274.19**
其中	人　工　费　(元)		742.50	837.00
	材　料　费　(元)		305.51	418.69
	机　械　费　(元)		18.50	18.50
名　称	单位	单价(元)	消　耗　量	
人工 二类人工	工日	135.00	5.500	6.200
材料 黄油	kg	9.05	10.200	15.300
煤油	kg	3.79	15.300	20.400
机油 综合	kg	2.91	30.690	40.920
橡胶板 δ1~15	kg	5.09	5.125	7.175
聚四氟乙烯生料带 26mm×0.1mm	m	0.43	15.450	15.450
青壳纸 δ0.1~1.0	kg	4.31	0.102	0.103
铁砂布 0#~2#	张	1.03	6.120	8.160
调和漆	kg	11.21	1.060	1.060
其他材料费	元	1.00	14.550	19.940
机械 其他机械费	元	1.00	18.500	18.500

注:如发生场外维修保养时,场外运输台班另计,其余不变。

工作内容:外观保洁,盘车,振动和异声检查,轴承润滑检查,检查联轴器,轴封机构的填料检查,
各部连接螺栓检查,铭牌清洗,温度、泄漏及湿度传感器等检查。　　　　计量单位:台

定　额　编　号			5-133	5-134	5-135
项　　目			立式蜗壳泵		
			口径		
			≤200	≤400	≤700
基　价　(元)			**411.05**	**564.99**	**822.78**
其中	人　工　费　(元)		249.75	310.50	465.75
	材　料　费　(元)		142.80	235.99	338.53
	机　械　费　(元)		18.50	18.50	18.50
名　称	单位	单价(元)	消　耗　量		
人工 二类人工	工日	135.00	1.850	2.300	3.450
材料 黄油	kg	9.05	4.080	6.120	8.160
煤油	kg	3.79	5.100	5.100	10.200
机油 综合	kg	2.91	10.230	15.345	20.460
橡胶石棉盘根 编织 φ11~25(250℃)	kg	17.93	2.060	5.150	7.210
聚四氟乙烯生料带 26mm×0.1mm	m	0.43	8.160	8.160	8.160
青壳纸 δ0.1~1.0	kg	4.31	0.103	0.103	0.103
铁砂布 0#~2#	张	1.03	3.060	3.060	5.100
调和漆	kg	11.21	0.530	0.530	1.060
其他材料费	元	1.00	6.800	11.240	16.120
机械 其他机械费	元	1.00	18.500	18.500	18.500

注:如发生场外维修保养时,场外运输台班另计,其余不变。

工作内容:外观保洁,盘车,振动和异声检查,轴承润滑检查,检查联轴器,轴封机构的填料检查,

各部连接螺栓检查,铭牌清洗,温度、泄漏及湿度传感器等检查。　　　　　　计量单位:台

定　额　编　号				5-136	5-137
项　　目				立式蜗壳泵	
				口径	
				≤900	≤1 200
基　价　(元)				**1 020.77**	**1 206.33**
其中	人　　工　　费　(元)			560.25	587.25
	材　　料　　费　(元)			442.02	600.58
	机　　械　　费　(元)			18.50	18.50
	名　　称	单位	单价(元)	消　耗　量	
人工	二类人工	工日	135.00	4.150	4.350
材料	黄油	kg	9.05	10.200	12.240
	煤油	kg	3.79	10.200	15.300
	机油 综合	kg	2.91	28.644	35.805
	橡胶石棉盘根 编织 ϕ11~25(250℃)	kg	17.93	10.300	15.450
	聚四氟乙烯生料带 26mm×0.1mm	m	0.43	10.200	10.300
	青壳纸 δ0.1~1.0	kg	4.31	0.103	0.103
	铁砂布 0#~2#	张	1.03	5.100	5.100
	调和漆	kg	11.21	1.060	1.060
	其他材料费	元	1.00	21.050	28.600
机械	其他机械费	元	1.00	18.500	18.500

注:如发生场外维修保养时,场外运输台班另计,其余不变。

工作内容:外观保洁,盘车,振动和异声检查,轴承润滑检查,检查联轴器,轴封机构的填料检查,

各部连接螺栓检查,铭牌清洗,温度、泄漏及湿度传感器等检查。　　　　　　计量单位:台

定　额　编　号				5-138	5-139	5-140
项　　目				潜水泵		
				重量(t)		
				≤1.0	≤2.0	≤3.5
基　价　(元)				**696.59**	**2 145.56**	**2 467.93**
其中	人　　工　　费　(元)			518.67	597.11	832.01
	材　　料　　费　(元)			89.22	147.90	235.37
	机　　械　　费　(元)			88.70	1 400.55	1 400.55
	名　　称	单位	单价(元)	消　耗　量		
人工	二类人工	工日	135.00	3.842	4.423	6.163
材料	平垫铁 综合	kg	6.90	0.520	1.040	1.560
	斜垫铁 综合	kg	8.62	0.520	1.040	1.560
	锭子油 20#机油	kg	5.78	5.250	8.400	15.750
	煤油	kg	3.79	1.050	6.300	9.450
	黄油钙基脂	kg	9.66	2.100	2.100	3.150
	镀锌六角螺栓带帽	kg	5.47	1.040	1.560	2.080
	调和漆	kg	11.21	1.050	1.575	2.100
	氧气	m³	3.62	0.630	0.945	1.260
	乙炔气	kg	7.60	0.210	0.315	0.420
	其他材料费	元	1.00	5.200	7.040	11.210
机械	电动葫芦-单速 2t	台班	23.79	2.000	—	—
	汽车式起重机 8t	台班	648.48	—	2.000	2.000
	其他机械费	元	1.00	41.120	103.590	103.590

注:如发生场外维修保养时,场外运输台班另计,其余不变。

工作内容: 外观保洁, 盘车, 振动和异声检查, 轴承润滑检查, 检查联轴器, 轴封机构的填料检查, 各部连接螺栓检查, 铭牌清洗, 温度、泄漏及湿度传感器等检查。

计量单位:台

定 额 编 号					5-141	5-142
项 目					潜水泵	
					重量(t)	
					≤5.5	≤8.0
基 价 (元)					**3 308.57**	**4 144.28**
其中	人 工 费 (元)				1 043.55	1 361.61
	材 料 费 (元)				390.54	565.02
	机 械 费 (元)				1 874.48	2 217.65
	名 称	单位	单价(元)		消 耗 量	
人工	二类人工	工日	135.00		7.730	10.086
材料	平垫铁 综合	kg	6.90		2.080	2.600
	斜垫铁 综合	kg	8.62		2.080	2.600
	锭子油 20#机油	kg	5.78		31.500	52.500
	煤油	kg	3.79		16.800	21.000
	黄油钙基脂	kg	9.66		4.200	5.250
	镀锌六角螺栓带帽	kg	5.47		2.600	3.120
	调和漆	kg	11.21		2.625	3.150
	氧气	m³	3.62		1.575	1.890
	乙炔气	kg	7.60		0.525	0.630
	其他材料费	元	1.00		18.600	26.910
机械	汽车式起重机 16t	台班	875.04		2.000	—
	汽车式起重机 30t	台班	1 038.45		—	2.000
	其他机械费	元	1.00		124.400	140.750

注:如发生场外维修保养时,场外运输台班另计,其余不变。

工作内容:外观保洁,盘车,振动和异声检查,轴承润滑检查,检查联轴器,轴封机构的填料检查,
各部连接螺栓检查,铭牌清洗,温度、泄漏及湿度传感器等检查。

计量单位:台

定　额　编　号			5-143	5-144	5-145
项　目			螺旋泵		
			泵体直径(mm)		
			≤800	≤1 000	≤1 200
基　价　(元)			**3 163.15**	**3 485.40**	**4 006.45**
其中	人　工　费　(元)		792.99	1 074.20	1 221.75
	材　料　费　(元)		427.71	468.75	699.85
	机　械　费　(元)		1 942.45	1 942.45	2 084.85
名　称	单位	单价(元)	消　耗　量		
人工	二类人工	工日	135.00	5.874	7.957	9.05
材料	黄油	kg	9.05	2.625	3.150	3.675
	锭子油 20#机油	kg	5.78	5.250	6.300	8.400
	煤油	kg	3.79	5.250	6.300	8.400
	平垫铁 综合	kg	6.90	4.160	5.200	6.240
	镀锌铁丝 22#	kg	6.55	2.600	3.120	3.640
	板枋材	m³	2 069.00	0.032	0.032	0.084
	枕木	m³	2 457.00	0.063	0.063	0.084
	调和漆	kg	11.21	5.250	6.300	8.400
	氧气	m³	3.62	1.260	1.575	1.890
	乙炔气	kg	7.60	0.420	0.525	0.630
	其他材料费	元	1.00	20.370	22.320	33.330
机械	汽车式起重机 16t	台班	875.04	2.000	2.000	—
	汽车式起重机 20t	台班	942.85	—	—	2.000
	电动葫芦-单速 5t	台班	31.49	2.000	2.000	2.000
	其他机械费	元	1.00	129.390	129.390	136.170

注:如发生场外维修保养时,场外运输台班另计,其余不变。

工作内容:外观保洁,盘车,振动和异声检查,轴承润滑检查,检查联轴器,轴封机构的填料检查,
各部连接螺栓检查,铭牌清洗,温度、泄漏及湿度传感器等检查。 计量单位:台

定 额 编 号				5-146	5-147
项 目				螺旋泵	
				泵体直径(mm)	
				≤1 400	≤1 600
基 价 (元)				**4 074.03**	**4 578.15**
其	人 工 费 (元)			1 336.50	1 518.75
	材 料 费 (元)			652.67	773.78
中	机 械 费 (元)			2 084.86	2 285.62
名 称		单位	单价(元)	消 耗 量	
人工	二类人工	工日	135.00	9.900	11.250
材 料	黄油	kg	9.05	4.200	4.200
	锭子油 20# 机油	kg	5.78	10.500	12.600
	煤油	kg	3.79	10.500	12.600
	平垫铁 综合	kg	6.90	6.240	7.280
	镀锌铁丝 22#	kg	6.55	4.160	4.160
	板枋材	m³	2 069.00	0.042	0.053
	枕木	m³	2 457.00	0.084	0.105
	调和漆	kg	11.21	9.450	10.500
	氧气	m³	3.62	2.205	2.520
	乙炔气	kg	7.60	0.735	0.840
	其他材料费	元	1.00	31.080	36.850
机 械	汽车式起重机 20t	台班	942.85	2.000	—
	汽车式起重机 30t	台班	1 038.45	—	2.000
	电动葫芦 – 单速 5t	台班	31.49	2.000	2.000
	其他机械费	元	1.00	136.180	145.740

注:如发生场外维修保养时,场外运输台班另计,其余不变。

工作内容: 外观保洁,盘车,振动和异声检查,轴承润滑检查,检查联轴器,轴封机构的填料检查,
各部连接螺栓检查,铭牌清洗,温度、泄漏及湿度传感器等检查。

计量单位:台

定 额 编 号				5-148	5-149	5-150
项 目				螺杆泵		
				重量(t)		
				≤0.5	≤1.0	≤3.0
基 价 (元)				**405.58**	**533.29**	**875.89**
其中	人 工 费 (元)			208.17	289.04	566.19
	材 料 费 (元)			112.93	159.77	209.82
	机 械 费 (元)			84.48	84.48	99.88
	名 称	单位	单价(元)	消 耗 量		
人工	二类人工	工日	135.00	1.542	2.141	4.194
材料	黄油	kg	9.05	0.525	0.630	0.840
	锭子油 20# 机油	kg	5.78	1.050	1.260	1.575
	煤油	kg	3.79	1.050	1.260	1.575
	平垫铁 综合	kg	6.90	1.040	1.248	1.364
	镀锌铁丝 22#	kg	6.55	0.520	0.624	0.832
	板枋材	m³	2 069.00	0.011	0.016	0.021
	枕木	m³	2 457.00	0.021	0.032	0.042
	调和漆	kg	11.21	0.525	0.630	1.050
	氧气	m³	3.62	0.315	0.473	0.630
	乙炔气	kg	7.60	0.105	0.158	0.210
	其他材料费	元	1.00	5.370	7.610	9.990
机械	电动葫芦 – 单速 2t	台班	23.79	2.000	2.000	—
	电动葫芦 – 单速 5t	台班	31.49	—	—	2.000
	其他机械费	元	1.00	36.900	36.900	36.900

注: 如发生场外维修保养时,场外运输台班另计,其余不变。

工作内容:外观保洁,盘车,振动和异声检查,轴承润滑检查,检查联轴器,轴封机构的填料检查,各部连接螺栓检查,铭牌清洗,温度、泄漏及湿度传感器等检查。

计量单位:台

定 额 编 号			5-151	5-152
项 目			螺杆泵	
			重量(t)	
			≤5.0	≤7.0
基 价 (元)			1 325.25	1 680.61
其 中	人 工 费 (元)		814.59	1 075.14
	材 料 费 (元)		308.98	403.79
	机 械 费 (元)		201.68	201.68
名 称	单位	单价(元)	消 耗 量	
人工 二类人工	工日	135.00	6.034	7.964
材 料 黄油	kg	9.05	1.050	1.260
锭子油 20#机油	kg	5.78	2.100	2.625
煤油	kg	3.79	2.100	2.625
平垫铁 综合	kg	6.90	2.080	2.496
镀锌铁丝 22#	kg	6.55	1.040	1.248
板枋材	m³	2 069.00	0.032	0.042
枕木	m³	2 457.00	0.063	0.084
调和漆	kg	11.21	1.575	2.100
氧气	m³	3.62	0.788	0.945
乙炔气	kg	7.60	0.263	0.315
其他材料费	元	1.00	14.710	19.230
机 械 电动葫芦 – 双速 10t	台班	82.39	2.000	2.000
其他机械费	元	1.00	36.900	36.900

注:如发生场外维修保养时,场外运输台班另计,其余不变。

工作内容:外观保洁,盘车,振动和异声检查,轴承润滑检查,检查联轴器,轴封机构的填料检查,
各部连接螺栓检查,铭牌清洗,温度、泄漏及湿度传感器等检查。

计量单位:台

定　额　编　号			5-153	5-154	5-155
项　　　　目			计量泵		
			重量(t)		
			≤0.2	≤0.3	≤0.5
基　　价　　(元)			**246.78**	**296.71**	**393.78**
其中	人　　工　　费　　(元)		120.69	142.16	215.87
	材　　料　　费　　(元)		60.06	88.52	111.88
	机　　械　　费　　(元)		66.03	66.03	66.03
名　　　称	单位	单价(元)	消　耗　量		
人工 二类人工	工日	135.00	0.894	1.053	1.599
材料 黄油	kg	9.05	0.210	0.315	0.420
锭子油 20#机油	kg	5.78	0.525	0.630	0.735
煤油	kg	3.79	0.525	0.630	0.735
平垫铁 综合	kg	6.90	1.050	1.248	1.456
镀锌铁丝 22#	kg	6.55	0.208	0.312	0.416
板枋材	m³	2 069.00	0.005	0.008	0.011
枕木	m³	2 457.00	0.011	0.017	0.021
调和漆	kg	11.21	0.210	0.315	0.420
氧气	m³	3.62	0.315	0.473	0.630
乙炔气	kg	7.60	0.105	0.158	0.210
其他材料费	元	1.00	2.860	4.220	5.330
机械 电动葫芦 - 单速 2t	台班	23.79	2.000	2.000	2.000
其他机械费	元	1.00	18.450	18.450	18.450

注:如发生场外维修保养时,场外运输台班另计,其余不变。

工作内容:外观保洁,盘车,振动和异声检查,轴承润滑检查,检查联轴器,轴封机构的填料检查,
各部连接螺栓检查,铭牌清洗,温度、泄漏及湿度传感器等检查。　　　　　　　　计量单位:台

定 额 编 号			5-156	5-157
项　　　目			计量泵	
			重量(t)	
			≤0.7	≤1.0
基　价　(元)			**489.50**	**575.29**
其中	人　工　费　(元)		265.82	300.92
	材　料　费　(元)		157.65	208.34
	机　械　费　(元)		66.03	66.03
名　称	单位	单价(元)	消 耗 量	
人工 二类人工	工日	135.00	1.969	2.229
材料 黄油	kg	9.05	0.525	0.630
锭子油 20#机油	kg	5.78	0.840	1.050
煤油	kg	3.79	0.840	1.050
平垫铁 综合	kg	6.90	1.664	2.080
镀锌铁丝 22#	kg	6.55	0.520	0.624
板枋材	m³	2 069.00	0.016	0.021
枕木	m³	2 457.00	0.032	0.042
调和漆	kg	11.21	0.525	1.050
氧气	m³	3.62	0.788	0.945
料 乙炔气	kg	7.60	0.263	0.315
其他材料费	元	1.00	7.510	9.920
机械 电动葫芦 – 单速 2t	台班	23.79	2.000	2.000
械 其他机械费	元	1.00	18.450	18.450

注:如发生场外维修保养时,场外运输台班另计,其余不变。

十六、除污格栅机检修保养

工作内容: 外观保洁,转鼓(碟)及刀片检查,振动和异声检查,轴承润滑检查,检查联轴器,轴封机构检查,各部连接螺栓检查,铭牌清洗,温度、泄漏及湿度传感器检查,电机接线端检查,接地检查。 **计量单位:**台

定　额　编　号			5-158	5-159
项　　目			机械格栅	粉碎机
基　价　(元)			**1 318.20**	**1 956.24**
其中	人　　工　　费 (元)		1 147.50	1 321.38
	材　　料　　费 (元)		170.70	634.86
	机　　械　　费 (元)		—	—
名　　称	单位	单价(元)	消　耗　量	
人工　二类人工	工日	135.00	8.500	9.788
材料　汽油 综合	kg	6.12	1.000	10.000
黄油	kg	9.05	0.500	3.000
酚醛磁漆	kg	12.07	1.000	6.000
机油 综合	kg	2.91	0.500	3.000
电焊条	kg	4.31	0.100	1.000
钢材	kg	3.41	5.000	20.000
黄铜板 综合	kg	50.43	1.500	5.000
铜芯塑料绝缘线 BVV1×10	m	5.17	1.000	5.000
棉纱	kg	10.34	2.000	5.000
砂纸	张	0.52	3.000	5.000
钢丝刷子	把	2.59	1.000	2.000
油刷 65mm	把	3.28	2.000	3.000
钢锯条	条	2.59	2.000	10.000
黑胶布 20mm×20m	卷	1.29	0.500	2.000
牛皮纸	m²	6.03	1.000	2.000
其他材料费	元	1.00	4.990	4.990

十七、栅渣收集设备检修保养

工作内容: 外观保洁、振动和异声检查、轴承润滑检查、检查联轴器、传动机构检查、各部连接螺栓检查、铭牌清洗、电机接线端检查、接地检查。 **计量单位:**台

定　额　编　号			5-160
项　　目			栅渣收集设备 螺旋输送(压榨)机
基　价　(元)			**1 155.91**
其中	人　　工　　费 (元)		1 080.00
	材　　料　　费 (元)		65.91
	机　　械　　费 (元)		10.00
名　　称	单位	单价(元)	消　耗　量
人工　二类人工	工日	135.00	8.000
材料　机油 综合	kg	2.91	5.000
棉纱	kg	10.34	4.000
其他材料费	元	1.00	10.000
机械　其他机械费	元	1.00	10.000

十八、电动闸门(闸阀)检修保养

工作内容: 外观保洁、振动和异声检查、丝杆润滑检查、开度指示检查、限位检查、各部连接螺栓
检查、铭牌清洗、电机接线端检查、接地检查。　　　　　　　　　　　　计量单位:台

定 额 编 号				5-161
项　　目				电动闸门(闸阀)
基　价　(元)				**816.14**
其中	人　　工　　费　(元)			405.00
	材　　料　　费　(元)			95.21
	机　　械　　费　(元)			315.93
名　　　称	单位	单价(元)		消　耗　量
人工　二类人工	工日	135.00		3.000
材料　汽油 综合	kg	6.12		1.000
黄油	kg	9.05		0.500
棉纱	kg	10.34		1.000
砂纸	张	0.52		3.000
钢丝刷子	把	2.59		0.500
破布	kg	6.90		3.000
塑料胶带 20m	卷	17.24		2.000
绝缘胶布 20m/卷	卷	7.76		2.000
其他材料费	元	1.00		0.670
机械　载货汽车 2t	台班	305.93		1.000
其他机械费	元	1.00		10.000

十九、起重设备检修保养

工作内容: 外观保洁、振动和异声检查、移动走位检查、各部连接螺栓检查、钢丝绳(链条)检查、
限位检查、连接电缆检查、吊钩及保护扣检查、铭牌清洗、电机接线端检查,接地检查。　计量单位:台

定 额 编 号				5-162
项　　目				起重机(电动葫芦)
基　价　(元)				**624.22**
其中	人　　工　　费　(元)			417.29
	材　　料　　费　(元)			112.91
	机　　械　　费　(元)			94.02
名　　　称	单位	单价(元)		消　耗　量
人工　二类人工	工日	135.00		3.091
材料　破布	kg	6.90		1.000
油刷 65mm	把	3.28		1.000
机油 综合	kg	2.91		2.000
酚醛磁漆	kg	12.07		0.500
保险丝 10A	轴	7.33		3.000
操作手柄(带线)	个	450.00		0.150
其他材料费	元	1.00		1.380
机械　载货汽车 4t	台班	369.21		0.250
其他机械费	元	1.00		1.720

二十、除臭设备检修保养

工作内容:外观保洁,喷头及管路检查,离子管检查,药剂检查,填料检查,风机振动及异声检查,加药电机或喷淋加压电机检查,风管检查,排气口指标监测。

计量单位:座

定 额 编 号				5-163	5-164	5-165	5-166
项 目				生物除臭	离子除臭	化学除臭	植物液喷淋
基 价 (元)				**1 309.37**	**1 187.50**	**1 319.73**	**248.12**
其中	人 工 费 (元)			742.50	742.50	742.50	202.50
	材 料 费 (元)			347.38	349.01	357.74	15.82
	机 械 费 (元)			219.49	95.99	219.49	29.80
	名 称	单位	单价(元)		消 耗 量		
人工	二类人工	工日	135.00	5.500	5.500	5.500	1.500
材料	机电配件	个	—	(1.000)	(1.000)	(1.000)	(1.000)
	聚四氟乙烯生料带	卷	5.00	2.000	2.000	2.000	2.000
	机油 综合	kg	2.91	2.000	2.000	5.000	2.000
	黄油	kg	9.05	—	0.180	0.180	—
	防锈漆	kg	14.05	10.000	10.000	10.000	—
	调和漆	kg	11.21	10.000	10.000	10.000	—
	电焊条	kg	4.31	1.000	1.000	1.000	—
	合金钢切割片 φ300	片	12.93	5.000	5.000	5.000	—
	其他材料费	元	1.00	10.000	10.000	10.000	—
机械	直流电焊机 15kW	台班	50.62	0.500	0.500	0.500	—
	冲击钻	台班	39.93	0.500	0.500	0.500	—
	砂轮切割机 φ400	台班	26.83	0.500	0.500	0.500	—
	多功能高压清洗机	台班	247.00	0.500	—	0.500	—
	手持式万用表	台班	6.96	1.000	1.000	1.000	1.000
	高压绝缘电阻测试仪	台班	40.68	0.500	0.500	0.500	0.500
	其他机械费	元	1.00	10.000	10.000	10.000	2.500

二十一、高压设备(配电柜)检修保养

工作内容:外观检查,各类开关检查(是否灵活顺畅),铭牌检查,接线端检查,触点检查保养,温度噪声检查,风扇检查。　　　　　　　　　　　　　　　　　计量单位:台

定 额 编 号				5-167
项　　目				高压设备(配电柜)
基　价　(元)				**814.77**
其中	人　　工　　费　(元)			405.00
	材　　料　　费　(元)			12.16
	机　　械　　费　(元)			397.61
	名　　称	单位	单价(元)	消 耗 量
人工	二类人工	工日	135.00	3.000
材料	毛刷	把	2.16	1.000
	其他材料费	元	1.00	10.000
机械	载货汽车2t	台班	305.93	1.000
	手持式万用表	台班	6.96	2.400
	数字高压表 GYB-Ⅱ	台班	90.24	0.720
	其他机械费	元	1.00	10.000

二十二、低压设备(配电柜)检修保养

工作内容:外观检查、各类开关检查(是否灵活顺畅)、铭牌检查、接线端检查、触点检查保养、电容补偿检查、温度噪声检查、风扇检查。　　　　　　　　　　　　　计量单位:台

定 额 编 号				5-168
项　　目				低压设备(配电柜)
基　价　(元)				**749.79**
其中	人　　工　　费　(元)			405.00
	材　　料　　费　(元)			12.16
	机　　械　　费　(元)			332.63
	名　　称	单位	单价(元)	消 耗 量
人工	二类人工	工日	135.00	3.000
材料	毛刷	把	2.16	1.000
	其他材料费	元	1.00	10.000
机械	载货汽车2t	台班	305.93	1.000
	手持式万用表	台班	6.96	2.400
	其他机械费	元	1.00	10.000

二十三、控制柜检修保养

工作内容:各类开关检查、线路检查整理、电器元件检查、指示灯检查、仪表检查、保护器检查、
主要触点温度检测、跨接线检查、自控程序检查。 计量单位:台

定 额 编 号			5-169
项 目			控制柜
基 价 (元)			**749.79**
其中	人 工 费 (元)		405.00
	材 料 费 (元)		12.16
	机 械 费 (元)		332.63
名 称	单位	单价(元)	消 耗 量
人工 二类人工	工日	135.00	3.000
材料 毛刷	把	2.16	1.000
其他材料费	元	1.00	10.000
机 载货汽车 2t	台班	305.93	1.000
手持式万用表	台班	6.96	2.400
械 其他机械费	元	1.00	10.000

二十四、变压器检修保养

工作内容:外观检查、接线端检查、干燥剂检查、气体继电器检查、瓷套管等绝缘件检查、
温度噪声检查、接地检查、风扇检查。 计量单位:台

定 额 编 号			5-170
项 目			变压器
基 价 (元)			**889.72**
其中	人 工 费 (元)		540.00
	材 料 费 (元)		10.00
	机 械 费 (元)		339.72
名 称	单位	单价(元)	消 耗 量
人工 二类人工	工日	135.00	4.000
材料 其他材料费	元	1.00	10.000
机 电动葫芦–单速 2t	台班	23.79	1.000
载货汽车 2t	台班	305.93	1.000
械 其他机械费	元	1.00	10.000

二十五、自控系统检修保养

工作内容: 1. 触摸屏(显示器)、工控机、服务器、磁盘阵列、防火墙(硬)、开关、模块、交换机、UPS(电源)、继电器、保护装置、温湿控制设备等硬件维修;组态软件、操作系统、处理器内部程序、采集参数程序调整等软件维修;

2. 环境保洁、设备清扫、除尘、采集器校准、标识标志、线路整理等。

计量单位:系统

定 额 编 号				5-171	
项 目				自控系统(PLC、现场终端,含软件)	
基 价 (元)				**103.03**	
其中	人 工 费 (元)			67.50	
	材 料 费 (元)			5.00	
	机 械 费 (元)			30.53	
名 称		单位	单价(元)	消 耗 量	
人工	二类人工	工日	135.00	0.500	
材料	其他材料费	元	1.00	5.000	
机械	标准信号发生器 8.2~10GHz	台班	14.81	0.150	
	电压电流表(各种量程)	台班	22.89	0.750	
	数字万用表 F-87	台班	6.14	1.000	
	其他机械费	元	1.00	5.000	

注: 如需光缆网络设备、PLC 模块、现场服务器、RTU 柜内部件等更换时,主材价格另计。

第六章
河道护岸设施养护维修

说　　明

一、本定额适用于市政河道护岸设施养护维修工程,包括主体维修、养护,主体保洁,生态设施,水质处理,附属设施,巡查、观测,检修等子目。

二、河道闸门、泵站养护维修、排水口清疏可套用本定额第五章"排水设施养护维修"相应定额子目。

三、自然岸线绿化补种套用《浙江省园林绿化养护预算定额》(2018 版)相应项目。

四、码头、河埠头面层可套用本定额第二章"道路设施养护维修"相应定额子目。

五、河面及河岸保洁按长期保洁考虑,如临时单次保洁另行计算。

工程量计算规则

一、维修工程量按实际维修工程量计算。

二、河岸、河面巡查按河岸长度及实际巡视次数计算。如遇河床需疏浚,费用另计。

三、标识牌更换以"m²"计算,单个面积不足 1m² 的按 1m² 计算,单个面积超过 1m² 的按实际面积计算。

四、河面或河岸保洁单次累计面积不足 10 000m² 时,按 10 000m² 计算,超过 10 000m² 按实际面积计算。

五、水质处理按污染面积计算。

一、主体维修、养护

工作内容：1. 块石护坡：拆除损坏部分、边口整理、挖填土、洗石、砌筑、勾缝、养护、场内运输、清理场地；

2. 草坪砖：拆除损坏部分、边口整理、挖填土、放样、铺砌、场内运输、清理场地。　　　　　**计量单位**：见表

定　额　编　号			6-1	6-2	6-3
项　　　目			护坡		
			干砌块石	浆砌块石	草坪砖
计　量　单　位			10m³	10m³	10m²
基　价（元）			**2 621.58**	**3 551.20**	**582.27**
其中	人　工　费（元）		1 082.16	1 207.85	154.98
	材　料　费（元）		1 539.42	2 248.82	398.32
	机　械　费（元）		—	94.53	28.97
名　称		单位	单价（元）	消　耗　量	
人工	二类人工	工日	135.00	8.016	8.947	1.148
材料	块石	t	77.67	19.820	18.660	—
	水泥砂浆 M7.5	m³	215.81	—	3.670	0.318
	水	m³	4.27	—	1.750	0.181
	草坪砖 600×400×100	m²	31.03	—	—	10.600
机械	灰浆搅拌机 200L	台班	154.97	—	0.610	0.053
	其他机械费	元	1.00	—	—	20.760

工作内容：1. 自然岸线护坡：清理损坏部分、挖填土、雨淋沟填补、养护、场内运输、清理场地；

2. 木桩护坡：拆除损坏、腐烂部分，木桩制作，基坑挖土，压桩施工，桩体连成排固定；

　　挖除倾斜部位桩后填土，桩体扶正并连成排固定，养护，场内运输，清理场地。　　　　　**计量单位**：见表

定　额　编　号			6-4	6-5	6-6
项　　　目			护坡		
			自然岸线	松木桩	仿木桩
计　量　单　位			1m³	10m³	10m³
基　价（元）			**141.69**	**18 576.77**	**4 412.62**
其中	人　工　费（元）		117.59	3 403.35	3 743.69
	材　料　费（元）		10.00	14 616.34	95.47
	机　械　费（元）		14.10	557.08	573.46
名　称		单位	单价（元）	消　耗　量	
人工	二类人工	工日	135.00	0.871	25.210	27.731
材料	土方	m³	—	(1.100)	—	—
	沙袋	kg	—	(50.000)	—	—
	仿木桩	m³	—	—	—	(10.610)
	圆木桩	m³	1 379.00	—	10.530	—
	其他材料费	元	1.00	10.000	95.470	95.470
机械	木船 5t	台班	47.00	0.300	—	—
	简易打桩架	台班	58.70	—	2.790	3.069
	驳船 30t	台班	84.60	—	4.649	4.649

注：自然岸线土方沙袋按现场取土（沙）考虑，如现场无法取土（沙），取土（沙）费用另计。

工作内容: 1. 混凝土压顶:冲洗清理接缝、洒水、拌制混凝土、场内运输、清理场地;
　　　　　2. 钢筋混凝土码头、河埠头、防洪墙:拆除损坏部分,边口整理,挖填土,模板制作、
　　　　　安装及拆除,钢筋混凝土浇筑,养护,场内运输,清理场地。

计量单位:10m³

定 额 编 号			6-7	6-8
项　　目			混凝土压顶	钢筋混凝土码头、河埠头、防洪墙等
基　价　(元)			**6 342.48**	**12 930.40**
其中	人　工　费　(元)		2 234.66	2 176.47
	材　料　费　(元)		3 943.71	10 578.35
	机　械　费　(元)		164.11	175.58
名　称	单位	单价(元)	消　耗　量	
人工 二类人工	工日	135.00	16.553	16.122
材　料 现浇现拌混凝土 C20(40)	m³	284.89	10.200	10.200
木模板	m³	1 445.00	0.599	1.230
镀锌铁丝 12#	kg	5.38	3.330	3.330
草袋	个	3.62	21.610	13.000
水	m³	4.27	17.830	12.570
水泥砂浆 1:2	m³	268.85	—	0.400
热轧带肋钢筋 HRB400 综合	t	3 849.00	—	1.447
圆钉	kg	4.74	—	10.300
预埋铁件	kg	3.75	—	11.400
镀锌铁丝	kg	6.55	—	1.200
机械 双锥反转出料混凝土搅拌机 350L	台班	192.31	0.814	0.814
混凝土振捣器 插入式	台班	4.65	1.628	1.628
灰浆搅拌机 200L	台班	154.97	—	0.074

工作内容: 1. 伸缩缝:凿齐缝道,清理缝内垃圾污物,沥青麻丝制作及嵌缝密实,表面石棉水泥
　　　　　做缝,场内运输,清理场地;
　　　　　2. 沉降缝:清理缝内垃圾污物,整理修补缝,沥青麻丝制作及嵌缝密实,场内运输,
　　　　　清理场地。

计量单位:10m

定 额 编 号			6-9	6-10
项　　目			伸缩缝	沉降缝
基　价　(元)			**153.73**	**146.52**
其中	人　工　费　(元)		146.21	138.51
	材　料　费　(元)		7.52	8.01
	机　械　费　(元)		—	—
名　称	单位	单价(元)	消　耗　量	
人工 二类人工	工日	135.00	1.083	1.026
材　料 普通硅酸盐水泥 P·O 42.5 综合	kg	0.34	5.000	5.000
黄砂 净砂	t	92.23	0.015	0.015
石油沥青	kg	2.67	0.900	0.500
石棉绒	kg	3.49	0.400	—
麻丝	kg	2.76	0.230	1.300

工作内容:1. 勾缝:清剔洗刷缝内垃圾污物,凿齐缝边,砂浆,勾缝,养护,清扫落地灰,场内运输,
清理场地;
    2. 粉刷:凿除损坏部分,清理墙面,浇水湿润,刮糙,粉面,养护,场内运输,清理场地。   计量单位:100m²

定 额 编 号			6-11	6-12	6-13	6-14
项 目			浆砌块石勾缝		干砌块石勾缝	砂浆粉刷
			平缝	凸缝	平缝	
基 价 (元)			**778.66**	**1 499.25**	**828.61**	**3 038.65**
其中	人 工 费 (元)		583.34	1 146.56	633.29	2 316.20
	材 料 费 (元)		178.89	303.10	178.89	621.72
	机 械 费 (元)		16.43	49.59	16.43	100.73
名 称	单位	单价(元)	消 耗 量			
人工 二类人工	工日	135.00	4.321	8.493	4.691	17.157
材料 水泥砂浆 1:2	m³	268.85	0.572	1.034	0.572	2.100
水	m³	4.27	5.880	5.880	5.880	3.000
纯水泥浆	m³	430.36	—	—	—	0.103
机械 灰浆搅拌机 200L	台班	154.97	0.106	0.320	0.106	0.650

二、主 体 保 洁

工作内容:河面垃圾清理,垃圾卸至指定地点。   计量单位:10 000m²·天

定 额 编 号			6-15	6-16	6-17	6-18
项 目			河面保洁			
			人工	人工每增加一次	机械	机械每增加一次
基 价 (元)			**67.89**	**34.04**	**30.38**	**15.43**
其中	人 工 费 (元)		49.82	24.98	14.58	7.29
	材 料 费 (元)		0.73	0.36	0.21	0.11
	机 械 费 (元)		17.34	8.70	15.59	8.03
名 称	单位	单价(元)	消 耗 量			
人工 二类人工	工日	135.00	0.369	0.185	0.108	0.054
材料 其他材料费	元	1.00	0.730	0.360	0.210	0.110
机械 木船 5t	台班	47.00	0.369	0.185	—	—
机械船 15~20HP	台班	472.40	—	—	0.033	0.017

注:河面保洁按每天一次以内考虑。

工作内容:河岸垃圾清理,垃圾卸至指定地点。 计量单位:10 000m²·天

定 额 编 号				6-19	6-20
项 目				河岸保洁	
				保洁时长8小时以内	每增加1小时
基 价 (元)				**171.96**	**36.25**
其中	人 工 费 (元)			169.29	35.91
	材 料 费 (元)			2.64	0.33
	机 械 费 (元)			0.03	0.01
	名 称	单位	单价(元)	消 耗 量	
人工	二类人工	工日	135.00	1.254	0.266
材料	其他材料费	元	1.00	2.640	0.330
机械	其他机械费	元	1.00	0.030	0.010

三、生 态 设 施

工作内容:移除破损框上植物,拆除、更换,重新种植植物,养护,整理,清理场地。 计量单位:10m²

定 额 编 号				6-21	6-22
项 目				浮框设施(更换)	浮盆设施(更换)
基 价 (元)				**565.86**	**2 834.36**
其中	人 工 费 (元)			135.00	405.00
	材 料 费 (元)			360.03	2 358.86
	机 械 费 (元)			70.83	70.50
	名 称	单位	单价(元)	消 耗 量	
人工	二类人工	工日	135.00	1.000	3.000
材料	塑料管 DN110	m	—	(20.000)	—
	塑料管弯头 DN110	个	—	(4.000)	—
	网(4m×2m)	m²	5.00	10.000	—
	扎带	根	0.10	20.000	—
	碳素结构钢镀锌焊接钢管 DN50×3.8	m	22.12	12.000	16.000
	膨胀螺丝	个	20.00	2.000	—
	PVC胶水	kg	25.86	0.100	—
	浮溢(4×4)	个	10.58	—	168.000
	陶粒	m³	182.00	—	1.250
机械	钻砖机 13kW	台班	15.92	0.021	—
	木船 5t	台班	47.00	1.500	1.500

工作内容:1.植物:清除枯死植物,补种,更换,打捞保洁,日常修剪,病虫害防治,清理杂苗,

　　　　　　垃圾清理,卸至指定地点,场地清理;

　　　　2.仿生水草:日常清理,维修更换,固定,场地清理。　　　　　　　　　　**计量单位**:100m²·年

定　额　编　号				6-23	6-24	6-25	6-26
项　　　目				挺水植物	浮水植物	沉水植物	仿生水草
基　　价　（元）				**1 131.21**	**678.84**	**510.37**	**1 351.91**
其中	人　工　费　（元）			870.75	522.45	434.70	119.61
	材　料　费　（元）			108.88	65.44	—	1 161.80
	机　械　费　（元）			151.58	90.95	75.67	70.50
名　称		单位	单价(元)	消　耗　量			
人工	二类人工	工日	135.00	6.450	3.870	3.220	0.886
材料	药剂	kg	25.86	4.010	2.410	—	—
	仿生水草	m²	110.00	—	—	—	10.500
	其他材料费	元	1.00	5.180	3.120	—	6.800
机械	木船 5t	台班	47.00	3.225	1.935	1.610	1.500

工作内容:1.曝气增氧机养护:控制箱检查、线路检查,日常清理,增氧机主体部件清洗,定期查看

　　　　　　太阳能电池板:检修,更换零部件,电气部分维修,场地清理;

　　　　2.曝气管:管线日常清理、维修更换、固定、风机房检查、更换零部件、场地清理。　　**计量单位**:见表

定　额　编　号				6-27	6-28	6-29
项　　　目				曝气增氧机		曝气管（更换）
				养护	更换	
计　量　单　位				台·年	台·次	10m
基　　价　（元）				**208.28**	**175.26**	**370.19**
其中	人　工　费　（元）			162.00	162.00	162.00
	材　料　费　（元）			46.28	13.26	208.19
	机　械　费　（元）			—	—	—
名　称		单位	单价(元)	消　耗　量		
人工	二类人工	工日	135.00	1.200	1.200	1.200
材料	穿孔曝气机 3kW	台	—	—	(1.000)	—
	电缆	m	—	(15.000)	—	—
	机电配件	个	—	(1.000)	—	(1.000)
	钙基润滑脂	kg	9.05	2.400	—	—
	UPVC 塑料管 De50	m	6.03	—	—	10.000
	UPVC 塑料管接头 De50	个	5.00	—	—	2.000
	PVC 胶水	kg	25.86	—	—	0.100
	碳素结构钢镀锌焊接钢管 DN50×3.8	m	22.12	—	—	6.000
	其他材料费	元	1.00	24.560	13.260	2.580

注:曝气增氧机养护过程中发生的配件更换按实际更换数量计算,其余不变。

四、水 质 处 理

工作内容：1.油污等处理:使用拦油索等具备吸附油污材料进行隔离,使用除油剂及吸油纸等
清除油污;
      2.藻类污染:拦油索隔离,藻类打捞,垃圾卸至指定地点。   计量单位:100m²

定 额 编 号				6-30	6-31
项 目				油污等处理	藻类污染
基 价 (元)				**4 415.35**	**477.00**
其 中	人 工 费 (元)			270.00	405.00
	材 料 费 (元)			4 098.35	25.00
	机 械 费 (元)			47.00	47.00
名 称	单位	单价(元)		消 耗 量	
人工 二类人工	工日	135.00		2.000	3.000
材 料	专用吸油纸	张	1.81	100.000	—
	拦油索	m	65.00	60.000	—
	除油剂(A5)	kg	10.69	0.500	—
	其他材料费	元	1.00	12.000	25.000
机械 木船 5t	台班	47.00		1.000	1.000

五、附 属 设 施

工作内容：1.标识牌维护:日常检查,翻挖、拆除、洞穴填平、擦洗标识牌、清理场地,不破坏景观;
      2.标识牌更换:更换安装标识牌、清理场地,不破坏景观;
      3.水位尺更换:日常检查,水位尺破损更换。   计量单位:见表

定 额 编 号			6-32	6-33	6-34
项 目			标识牌维护	标识牌更换	水位尺更换
计 量 单 位			个	m²	m
基 价 (元)			**7.18**	**8.10**	**23.52**
其 中	人 工 费 (元)		5.40	8.10	18.77
	材 料 费 (元)		1.78	—	4.75
	机 械 费 (元)		—	—	—
名 称	单位	单价(元)	消 耗 量		
人工 二类人工	工日	135.00	0.040	0.060	0.139
材 料	水位尺	m	—	—	—	(1.000)
	标牌	m²	—	—	(1.000)	—
	水	m³	4.27	0.050	—	—
	清洁剂	kg	7.76	0.200	—	—
	松锯材	m³	1 121.00	—	—	0.004
	水柏油	kg	0.44	—	—	0.078
	其他材料费	元	1.00	0.010	—	0.230

六、巡查、观测

工作内容:1.河岸巡查:河埠头、码头、河道标牌以及对涉河建设项目外观等完整情况,做好详细记录;

2.河面巡查:挡墙、护坡、水位尺、生态治理设施设备等完整情况,河道水质状况、排水口等情况,做好详细记录。

计量单位:1 000m·次

定 额 编 号			6-35	6-36
项 目			陆上巡查	水上巡查
基 价 (元)			**76.95**	**78.93**
其中	人 工 费 (元)		76.95	57.78
	材 料 费 (元)		—	—
	机 械 费 (元)		—	21.15
名 称	单位	单价(元)	消 耗 量	
人工 二类人工	工日	135.00	0.570	0.428
机械 驳船 30t	台班	84.60	—	0.250

工作内容:1.挡墙沉降观测:沉降观测,做好详细记录;

2.河床动态检测:常规巡视、检测,做好详细记录;

3.水位观测:日常检查,做好详细记录。

计量单位:见表

定 额 编 号			6-37	6-38	6-39
项 目			驳坎挡墙沉降监测	河床动态监测	水位监测
计 量 单 位			100 点位·次	100 断面·次	100 点位·次
基 价 (元)			**3 400.00**	**4 270.00**	**3 062.50**
其中	人 工 费 (元)		3 375.00	4 050.00	3 037.50
	材 料 费 (元)		25.00	32.00	25.00
	机 械 费 (元)		—	188.00	—
名 称	单位	单价(元)	消 耗 量		
人工 二类人工	工日	135.00	25.000	30.000	22.500
材料 其他材料费	元	1.00	25.000	32.000	25.000
机械 木船 5t	台班	47.00	—	4.000	—

七、检　　修

工作内容:水位遥测仪检查、蓄电池、工具箱、水位标尺维护,日常清理等。　　　　　　　　计量单位:台·次

定　额　编　号	6-40
项　　　　　目	水位遥测站检修
基　价　(元)	**97.17**

其 中	人　　工　　费　(元)			46.17
	材　　料　　费　(元)			3.00
	机　　械　　费　(元)			48.00

	名　　　称	单位	单价(元)	消　耗　量
人工	二类人工	工日	135.00	0.342
材料	其他材料费	元	1.00	3.000
机械	载货汽车 4t	台班	369.21	0.130

第七章
城市照明设施养护维修

说　明

一、本章包括变压器、智能控制、架空线路、地下线路、高杆照明、中杆照明、常规照明、庭院照明、景观照明、照明测试、灯杆灯具清洗、油漆等内容。定额中消耗量(除照明测试、灯杆灯具清洗、油漆外)均为年运行维护消耗量。照明测试、灯杆灯具清洗、油漆根据实际工作量计取。

二、本章适用于城镇道路、高架道路、立交、广场、桥梁、人行天桥、步行街、居住区、公园、绿地、人行小径等公共区域照明设施的养护工程为主，其他工程参考其他相关定额。

三、维护工作主要包括：定期巡视，检查供电、控制、线路和照明等设备的运行状态，及时修复和处理各类灭灯、设备缺陷和设备故障；合理调整运行系统，确保设备处于良好的运行状态；保证亮灯率在98%及以上，设施完好率在90%以上；建立维修档案和设备资料档案；定期进行运行分析，不断提高运行管理水平。

四、养护维修内容：

1.变配电、控制设备。

(1)负责对各变配电设备及控制设备进行监视，每季进行一次定期检修，及时更换失效的开关、断路器、接触器等电气设备和防雷装置，测量变配电设备的电流、电压和接地电阻，做好原始记录备查。

(2)做好设备的油漆、清洁工作；门锁灵活，配件齐全，确保安全运行。

(3)检查变配电设备等设施的安全维护栏、站点号牌、安全警示标志标牌等，确保完整可靠。

(4)为保证路灯设备正常运行和安全用电，值班人员须处理各类设备故障，及时排除或使故障最大限度地缩小影响范围。

2.智能控制、值班抢修。

(1)负责对各监控终点站、单灯监控终端、单灯控制器等智能控制设备进行监视，每年进行一次定期检修保养。

(2)及时更换损坏的电源、传感器、通信模块、主机板，集中控制器、继电器、互感器、蓄电池，单灯控制器，终端站总成和壳体的维护保养。

(3)建立24h值班抢修制度(人员考虑三班倒，每天10人，机械24h待命)。及时处理电源、控制等各类照明设施的故障，保障道路照明安全正常运行。

3.架空线路、地下线路。

(1)架空线路。

1)架空导线作为路灯送电设施，每季进行巡视，对查见的缺陷、隐患应及时维修，更换缺陷线缆及相关附属设施，防止故障扩大。

2)从配电设备以下部分至路灯引接线以上的主导线、电杆、横担、瓷瓶、拉线及所有的金具紧固件均属养护范围。

3)合理调整负荷，确保末端电压不低于额定电压的90%。

4)合理调整导线垂度，登杆检查搭头，保证接触良好。

5)检查校正电杆垂直度，夯实下陷松动的杆坑，调整有松动的拉线装置。

6)修剪树枝，收紧引下线，保证线间安全距离。

(2)地下线路。

1)地下线路每半年一次巡视，防止植树、打桩、开挖、重压、施工地陷、化学腐蚀等因素以及自然灾害原因而影响安全运行。

2)线路应保持配件完好齐全,对查见的缺陷、隐患应及时维修,更换缺陷电缆和管道,防止故障扩大。

3)手孔井、人孔井内应整齐清洁,不积水,井盖应完好平整,不沉陷。井内线路走向、回路标志牌应保持字迹清楚。

4.高杆照明设施。

(1)本定额高杆照明设施按升降式考虑。高杆照明设施的高度为20m 及以上。

(2)高杆照明设施维修范围的上限为主电缆接线端。

(3)每月巡检一次,更换寿终的灯泡(LED 光源)、镇流器(LED 驱动器)、触发器、破损的瓷灯头,更换老化的引上电缆和灯盘的布线及配件。

(4)检修更换破损杆体、灯具、配电板、检修门锁等。

(5)保持灯具清洁,确保灯具光输出效率不低于0.7。

(6)灯杆垂直度测量,确保灯杆垂直度不超过2‰。

(7)每年一次进行接地电阻测试,并做好记录。

(8)定期进行灯盘、灯杆、底角螺栓等的防腐检查和处理。

(9)检修钢丝绳、卷扬机、行程开关,为卷扬机加油或换油。

5.中杆照明设施。

(1)中杆照明设施分升降式和固定式两种。中杆照明设施的高度为15~20m。

(2)中杆照明设施维修范围的上限为主电缆接线端。

(3)每月巡检一次,更换寿终的灯泡(LED 光源)、镇流器(LED 驱动器)、触发器、破损的瓷灯头,更换老化的引上电缆和灯盘的布线及配件。

(4)检修更换破损杆体、灯具、配电板、检修门锁等。

(5)保持灯具清洁,确保灯具光输出效率不低于0.7。

(6)灯杆垂直度测量,确保灯杆垂直度不超过2‰。

(7)每年一次进行接地电阻测试,并做好记录。

(8)定期进行灯盘、灯杆、地脚螺栓等的防腐检查和处理。

(9)检修钢丝绳、卷扬机、行程开关,为卷扬机加油或换油。

6.常规照明设施。

(1)常规照明设施维修范围的上限为主电缆接线端。

(2)每周一次的巡视,更换寿终的灯泡(LED 光源)、镇流器(LED 驱动器)、触发器、破损的瓷灯头等,更换老化的线路及配件。

(3)检修更换破损杆体、灯具、配电板、检修门锁等。

(4)保持灯具清洁,确保灯具光输出效率不低于0.7。

(5)检查校正灯杆垂直度和副杆挑臂(灯具)角度,确保良好的一致性。

(6)每年一次进行接地电阻测试,并做好记录。

(7)定期进行灯杆、地脚螺栓等的防腐检查和处理。

7.庭院照明设施。

(1)庭院照明设施维修范围的上限为主电缆接线端。

(2)每周一次的巡视,更换寿终的灯泡(LED 光源)、镇流器(LED 驱动器)、触发器、破损的瓷灯头等,更换老化的线路及配件。

(3)检修更换破损杆体、灯具、配电板、检修门锁等。

(4)保持灯具清洁,确保灯具光输出效率不低于0.7。

(5)检查校正灯杆垂直度和副杆挑臂(灯具)角度,确保良好的一致性。

(6)每年一次进行接地电阻测试,并做好记录。

（7）定期进行灯杆、地脚螺栓等的防腐检查和处理。

8. 景观照明。

（1）景观照明设施根据安装位置划分，分别为高架（桥梁）、建筑楼宇、公园道路、河道驳坎、水下等五个位置；灯具种类为投光灯、线条灯、地埋灯、点光源、草坪灯、壁灯等；光源分为 LED 和非 LED。

（2）日常巡查维护（含接地、绝缘等安全方面的检测）及灯具清洁、更换失效的灯具、更换驱动电源及控制器、灌胶防水处理、更换电缆及电缆头制安、更换或维修信号控制器（含主控器和分控器）、更换控制信号线缆、巡查及维修过程中的安全维护及其他安全文明施工措施、巡查及维修车辆台班。

（3）保持灯具清洁，确保灯具光输出效率不低于 0.7。

9. 照明测试。

（1）照明测试分为亮度测试和照度测试。应根据实际工作需要有计划地进行。

（2）正确选取具有代表性的测试区域。每处测试需对测试区域布置等分的测试点位，每处布不应少于 30 个测试点位。

（3）进行照度及亮度测试，并做好数据记录。

（4）进行数据统计分析，制作并出具测试报告。

（5）每年须对检测设备进行一次检测校正。

10. 路灯灯杆灯具清洁、油漆。

（1）灯杆灯具的清洁、油漆是为保障照明设施整洁美观，应根据实际工作需要有计划地进行。

（2）作业时不得对照明设施造成损坏，油漆时注意对灯具发光部位和号牌的遮挡保护，不得造成影响照明和号牌识别的影响。

（3）注意对环境的保护，不得造成二次污染。

（4）油漆修补须与原灯杆灯具颜色一致，不得有明显色差。

（5）做好工作记录，必要时保存影像对比资料。

五、定额未包括地下管线修复涉及开挖地面、绿地所造成的赔偿费用，发生时另行计算。

六、实际使用材料（设备）等与定额不同时，可按所用材料的年耗量进行调整。

七、实际养护维修人材机投入低于本章节说明中的要求时，应对照本章节标准适当调低相应定额消耗量。

工程量计算规则

一、变配电、控制设备。

1. 杆上变压器、变电所按不同容量以"台"为计量单位。

2. 无变压器的箱式变电站按不同容量以"台"为计量单位。

3. 配电柜和落地路灯配电箱按不同回路的数量,以"台"为计量单位,以单相为一个回路。

二、智能控制、值班抢修。

1. 智能控制:监控终点站和单灯监控终端按不同材质的壳体以"台"为计量单位;单灯控制器"100 套"为计量单位。

2. 监控值班中心以"台"为计量单位,值班抢修以"处"为计量单位。

三、架空线路、地下线路。

1. 本定额架空线路选用双线交联铜芯架空电缆 JKTRYJ – 1kV – 1 × 25 和集束电缆 BS – JLY – 2 × 25 编制。若遇不同材质或截面,材料单价做相应调整。

2. 线路以"km"为计量单位。定额中已包括弧垂等所增加的长度,工程量按地理长度计算。

3. 定额中电缆按直埋和护管两种不同敷设方式进行编制,以"km"为计量单位,长度按实际走向计算。

4. 电缆按 YJV22 – 4 × 10、YJV22 – 4 × 16、YJV22 – 4 × 25、YJV22 – 4 × 35 、YJV22 – 4 × 50 电缆,护管按 φ110PVC – C 管道取定,实际与定额不同时,材料进行换算。

四、高杆照明设施。

1. 高杆照明设施按 1 000W(400W)高压钠灯或 400W LED,不同光源的配置数选取,以"基"为计量单位。

2. 定额按 25m 高度编制,实际杆高每增加 5m,定额单价乘以系数 1.03。

3. 光源材料和数量实际与定额不同时,材料可进行换算。

五、中杆照明设施。

1. 光源分别按 250W、400W 高压钠灯;180W LED,不同光源的配置数选取,以"基"为计量单位。

2. 中杆照明设施,本定额按 15 ~ 20m 高度编制。

3. 光源材料和数量实际与定额不同时,材料可进行换算。

六、常规照明设施。

1. 悬挑灯、混凝土杆单(双)挑灯均为架空线路,按不同光源以"100 基"为计量单位。

2. 7m、13m、15m 以下均为金属杆路灯,分为单挑和双挑两种,按不同光源以"100 基"为计量单位。

3. 光源材料和数量实际与定额不同时,材料可进行换算。

七、庭院照明设施。

1. 庭院照明设施按不同的灯泡、配置数量以"100 基"为计量单位。

2. 光源材料和数量实际与定额不同时,材料可进行换算。

八、景观照明。

1. 景观照明设施按不同光源以"盏"为计量单位。

2. 光源材料和数量实际与定额不同时,材料可进行换算。

九、照明测试。

1. 照明测试以"处"为计量单位。

2.每一处指道路上两基相邻灯柱间的范围,按双车道以内计,每增加一条车道,人工和机械消耗量乘以系数 1.3。

十、灯杆灯具清洁、油漆。

1.清洁、油漆均以"10m²"为计量单位。

2.清洗的面积以实际清洗设施的表面积计算,清洗应包括灯具内部的清洁。

3.油漆为零星修补为主,修补面积小于 0.3m² 按 0.3m² 计取。

一、变压器

1. 杆上变压器

工作内容:变压器巡视、换干燥器、加变压器油、测量电压、电流和接地电阻。　　　　　　计量单位:台

定　额　编　号			7-1	7-2
项　　目			容量(kV·A)	
			200 以下	200 以上
基　价　(元)			**811.45**	**922.82**
其中	人　工　费　(元)		309.15	419.85
	材　料　费　(元)		202.43	203.10
	机　械　费　(元)		299.87	299.87
名　称	单位	单价(元)	消　耗　量	
人工 二类人工	工日	135.00	2.290	3.110
材料 跳线	条	43.68	0.050	0.050
避雷器	组	40.03	0.030	0.030
变压器常规检修	台	95.85	1.000	1.000
避雷器调试	组	4.46	0.030	0.030
避雷器 HY5WS-17/50	组	146.00	0.030	0.030
跌落式熔断器	组	30.81	0.030	0.030
ABB 负荷令克 LBU11-12/100-12.5 型	组	2845.00	0.030	0.030
高压熔丝	根	9.48	0.090	0.090
交联铝芯架空电缆 JKLYJ/10kV-1×70	m	5.10	0.375	0.500
其他材料费	元	1.00	9.640	9.670
机械 载货汽车 4t	台班	369.21	0.125	0.125
高空作业车 13m	台班	326.00	0.733	0.733
滤油机 LX100 型	台班	44.32	0.333	0.333

2. 变电所

工作内容:变压器巡视、换干燥器、加变压器油、测量电压、电流和接地电阻。更换失效的负荷开关、空气开关、断路器、接触器和熔芯;窗和门锁检修,清扫灰尘等。　　计量单位:台

定　额　编　号			7-3	7-4
项　　目			容量(kV·A)	
			200 以下	200 以上
基　价　(元)			**942.23**	**982.73**
其中	人　工　费　(元)		504.90	545.40
	材　料　费　(元)		9.05	9.05
	机　械　费　(元)		428.28	428.28
名　称	单位	单价(元)	消　耗　量	
人工 二类人工	工日	135.00	3.740	4.040
材料 控制电缆	m	8.00	0.600	0.600
控制电缆终端头	个	0.47	0.160	0.160
压铜接线端子	个	9.80	0.240	0.240
铜接线端子 50mm²	只	4.75	0.080	0.080
低压瓷柱 Z-301	只	4.00	0.360	0.360
机械 载货汽车 4t	台班	369.21	1.160	1.160

3. 箱式变配电站

工作内容: 变压器巡视、换干燥器、加变压器油、测量电压、电流和接地电阻。更换失效的负荷
　　　　　开关、空气开关、断路器、接触器和熔芯;门锁检修,专变维护栏、站点号牌设置、安全
　　　　　警示标志牌设置、清扫灰尘等。

计量单位:台

定　额　编　号				7-5	7-6	7-7
项　　目				容量(kV·A)		
				125 以下	125~315	315 以上
基　价（元）				**2 488.49**	**2 464.19**	**2 545.55**
其中	人　工　费（元）			507.60	483.30	546.75
	材　料　费（元）			1 834.45	1 834.45	1 852.36
	机　械　费（元）			146.44	146.44	146.44
	名　　称	单位	单价（元）	消　耗　量		
人工	二类人工	工日	135.00	3.760	3.580	4.050
材料	避雷器	组	40.03	0.030	0.030	0.030
	变压器常规检修	台	95.85	1.000	1.000	—
	变压器常规检修(315kV 以上)	台	112.90	—	—	1.000
	高压成套配电柜常规检修	台	199.70	1.000	1.000	1.000
	低压开关检修	只	10.96	1.000	1.000	1.000
	避雷器调试	组	4.46	0.030	0.030	0.030
	避雷器 HY5WS-17/50	组	146.00	0.030	0.030	0.030
	跌落式熔断器	组	30.81	0.030	0.030	0.030
	ABB 负荷令克 LBU11-12/100-12.5 型	组	2 845.00	0.030	0.030	0.030
	高压熔丝	根	9.48	0.090	0.090	0.090
	跳线	组	43.68	0.050	0.050	0.050
	交联铝芯架空电缆 JKLYJ/10kV-1×70	m	5.10	0.375	0.375	0.375
	箱变壳体	个	19 646.00	0.050	0.050	0.050
	箱变围栏	m²	219.00	1.650	1.650	1.650
	其他材料费	元	1.00	87.350	87.350	88.210
机械	载货汽车 4t	台班	369.21	0.375	0.375	0.375
	滤油机 LX100 型	台班	44.32	0.133	0.133	0.133
	其他机械费	元	1.00	2.090	2.090	2.090

4.配 电 柜

工作内容:测量电压、电流和接地电阻。更换负荷开关、空气开关、断路器、接触器、熔断器和熔芯;
窗和门锁检修,清扫灰尘等。 计量单位:台

定 额 编 号			7-8	7-9	7-10
项 目			回路数(路)		
			6	12	18
基 价 (元)			**677.34**	**932.41**	**1 322.49**
其中	人 工 费 (元)		334.80	361.80	523.80
	材 料 费 (元)		228.08	456.15	684.23
	机 械 费 (元)		114.46	114.46	114.46
名 称	单位	单价(元)	消 耗 量		
人工 二类人工	工日	135.00	2.480	2.680	3.880
材料 真空接触器 CKJP-125A	只	537.00	0.300	0.600	0.900
熔断器 NT1-200	只	16.44	0.090	0.180	0.270
熔断器 AM4-50A	只	9.90	0.180	0.360	0.540
接触器 B50C	只	197.00	0.100	0.200	0.300
热继电器 JR-60/3 32A	只	12.50	0.100	0.200	0.300
熔断器 RT14-15/6A	只	0.85	0.390	0.780	1.170
熔断器 NT00-160/100A	只	11.12	0.180	0.360	0.540
熔断器 GFI-16/4A	只	9.30	0.270	0.540	0.810
指示灯 AD11-25/10 220V	只	8.00	0.120	0.240	0.360
电容器 BCMJ0.4-3-12	只	264.00	0.140	0.280	0.420
机械 载货汽车 4t	台班	369.21	0.310	0.310	0.310

5.落地式路灯配电箱

工作内容:测量电压、电流和接地电阻。更换失效的熔断器、熔芯和接触器;门锁检修,清扫灰尘等。 计量单位:台

定 额 编 号			7-11	7-12	7-13
项 目			回路数(路)		
			6	12	18
基 价 (元)			**547.21**	**724.23**	**1 047.29**
其中	人 工 费 (元)		271.35	279.45	430.65
	材 料 费 (元)		176.17	345.09	516.95
	机 械 费 (元)		99.69	99.69	99.69
名 称	单位	单价(元)	消 耗 量		
人工 二类人工	工日	135.00	2.010	2.070	3.190
材料 真空接触器 CKJP-125A	只	537.00	0.300	0.600	0.900
熔断器 NG1-200A	只	48.00	0.090	0.090	0.180
熔断器 NT0-100A	只	9.50	0.180	0.360	0.540
熔断器 RL1-15/4A	只	0.51	0.210	0.390	0.570
熔断器 UK5-HESI	只	14.80	0.180	0.360	0.540
白炽灯 40W/220V	只	1.16	2.000	2.000	2.000
铜芯线 BV-25mm²	m	6.93	0.400	0.800	1.000
铜芯线 BV-1.5mm²	m	0.47	2.500	3.750	5.000
机械 载货汽车 4t	台班	369.21	0.270	0.270	0.270

二、智 能 控 制

1. 监控终点站

工作内容：更换损坏的电源板、传感器板、无线通信模块、主机板、蓄电池、变压器、断路器，终端站
总成和壳体的维护保养，设备的抢修。

计量单位：台

定 额 编 号				7-14
项　　　　目				监控终端站
基　价（元）				**2 614.76**
其 中	人　　工　　费　（元）			497.50
	材　　料　　费　（元）			1 609.42
	机　　械　　费　（元）			507.84
	名　　称	单位	单价（元）	消　耗　量
人工	一类人工	工日	125.00	3.980
材 料	开关电源板(集成变压器)	块	1 238.94	0.100
	主机板	块	2 194.69	0.100
	GPRS 通信模块	块	1 061.95	0.100
	开关量输入板	块	1 548.67	0.100
	开关量输出板	块	1 637.17	0.100
	交流采样板	块	1 592.92	0.100
	总线底板	块	955.75	0.100
	断路器 4 只 DZ47 – C10	只	17.70	0.800
	蓄电池 12V	节	486.73	0.330
	电压采集线 2 条	条	20.00	0.400
	通信天线	根	132.74	0.100
	无线通信费	个	120.00	1.000
	箱体锁芯	只	25.00	0.100
	抹布	块	2.00	133.930
机械	载货汽车 2t	台班	305.93	1.660

2. 单灯监控终端

工作内容:更换损坏的集中控制器、断路器、继电器、互感器、蓄电池,终端站总成和壳体的维护
保养,设备抢修。

计量单位:台

	定 额 编 号			7-15
	项 目			单灯监控终端
	基 价 (元)			**2 562.96**
其中	人 工 费 (元)			526.25
	材 料 费 (元)			1 528.87
	机 械 费 (元)			507.84
	名 称	单位	单价(元)	消 耗 量
人工	一类人工	工日	125.00	4.210
材料	集中控制器	台	3 982.30	0.200
	全自动定时控制器时间开关	只	106.19	0.200
	3P 空气断路器 电流≥10A	只	17.70	0.330
	1P 空气断路器 电流≤5A	只	13.27	0.330
	交流互感器 3 只	只	310.34	0.600
	铅酸电池 DC12V	节	159.29	0.330
	中间继电器 电流=5A	个	17.70	0.200
	多路计量表 3 路	只	707.96	0.200
	无线通信费	个	120.00	1.000
	通信天线	根	132.74	0.200
	抹布	块	2.00	85.250
机械	载货汽车 2t	台班	305.93	1.660

3. 单灯控制器

工作内容:更换损坏的单灯控制器,单灯控制器的维护保养、抢修。

计量单位:100 套

	定 额 编 号			7-16
	项 目			单灯控制器
	基 价 (元)			**8 049.37**
其中	人 工 费 (元)			1 518.75
	材 料 费 (元)			4 737.62
	机 械 费 (元)			1 793.00
	名 称	单位	单价(元)	消 耗 量
人工	一类人工	工日	125.00	12.150
材料	通信费	项	5.00	55.000
	单灯控制器	只	247.78	13.000
	公母防水接头	只	13.27	68.000
	其他材料费	元	1.00	339.120
机械	高空作业车 13m	台班	326.00	5.500

4. 值班中心和抢修

工作内容:更换损坏的电源、光采集器,服务器、前台机、LED 屏幕、交换机、路由器、显示器,总控
室的维护保养,进行 24h 值班,对供电、线路、路灯设备事故等各类突发状况的处置、
抢修,及时恢复设备的正常运行。　　　　　　　　　　　　　　　　　　　计量单位:见表

	定 额 编 号			7-17	7-18
	项　　　　　目			监控值班中心	值班抢修
	计 量 单 位			台	处
	基　　价　（元）			**423 234.57**	**850 994.33**
其中	人　　工　　费　（元）			305 783.10	492 750.00
	材　　料　　费　（元）			113 380.34	1 274.33
	机　　械　　费　（元）			4 071.13	356 970.00
	名　　　　称	单位	单价(元)	消　耗　量	
人工	二类人工	工日	135.00	2 265.060	3 650.000
材料	通信费	个	4 528.30	1.000	—
	光纤年费	项	11 320.75	1.000	—
	打印复印机 HP M3775dw	台	5 752.21	0.200	—
	光采集器 2 台	台	35 398.23	0.400	—
	UPS 电源 6kV·A	组	25 840.71	0.330	—
	数据服务器 DELL 2 台	台	9 203.54	0.400	—
	前台主机 DELL7050 2 台	台	5 752.21	0.400	—
	显示器 DELL 2 台	台	1 769.91	0.400	—
	通信天线 2 根(智能、单灯)	根	132.74	0.200	—
	LED 分割屏	组	263 768.14	0.200	—
	交换机 华为 S5730S - 68C - EI - AC	台	13 716.81	0.200	—
	路由器 华为 AR2 240 - S	台	12 654.87	0.200	—
	控制操作台	台	17 699.12	0.100	—
	光纤路由器设备机柜	台	5 309.73	0.100	—
	配电箱	台	5 752.21	0.200	—
	工器具	套	530.97	0.100	2.400
	其他材料费	元	1.00	5 444.920	—
机械	载货汽车 4t	台班	369.21	0.005	—
	交流弧焊机 32kV·A	台班	88.00	0.030	—
	高空作业车 13m	台班	326.00	12.000	1 095.000
	网络分析仪	台班	265.00	0.100	—
	笔记本电脑	台班	10.41	12.310	—

三、架空线路、地下线路

1. 架 空 线 路

工作内容:巡查线路、调整弧垂、处理导线与引下线及其他设施的间距,更换破损的瓷瓶及其他
有缺陷的线路器具。

计量单位:km

定 额 编 号				7-19	7-20	7-21
项 目				合杆架空线	专用架空线	
				2 根铜线		集束电缆 2×25
基 价 (元)				3 581.41	7 448.79	5 433.26
其中	人 工 费 (元)			918.00	1 460.70	1 273.05
	材 料 费 (元)			2 095.93	5 323.98	3 535.24
	机 械 费 (元)			567.48	664.11	624.97
名 称		单位	单价(元)	消 耗 量		
人工	二类人工	工日	135.00	6.800	10.820	9.430
材料	交联铜芯架空电缆 JKTRYJ－1kV－1×25	km	19 460.00	0.100	0.100	—
	集束电缆 BS－JLY－2×25	km	5 350.00	—	—	0.050
	针式瓷瓶3#	只	10.00	3.960	3.960	1.980
	水泥杆 13m	根	1 863.00	—	1.650	1.650
	其他材料费	元	1.00	110.330	264.430	173.990
机械	高空作业车 13m	台班	326.00	1.500	1.500	1.500
	交流弧焊机 21kV·A	台班	63.33	1.129	1.129	0.564
	液压压接机 100t	台班	113.45	0.011	0.011	0.005
	载货汽车 5t	台班	382.30	0.015	0.015	0.008
	汽车式起重机 8t	台班	648.48	—	0.149	0.149

2.地下线路

工作内容:巡查线路,更换破损的电缆、标志桩、井框、井盖,处理线路缺陷。　　　　　　　**计量单位:**km

定　额　编　号			7-22	7-23	7-24	7-25
项　目			直埋电缆(截面 mm²)			护套电缆(截面 mm²)
			16	25	35	10
基　价　(元)			**6 308.96**	**7 812.06**	**11 260.92**	**3 319.47**
其中	人　工　费　(元)		2 246.40	2 246.40	2 606.85	1 117.80
	材　料　费　(元)		3 960.81	5 463.91	8 546.13	2 051.07
	机　械　费　(元)		101.75	101.75	107.94	150.60
名　称	单位	单价(元)	消　耗　量			
人工　二类人工	工日	135.00	16.640	16.640	19.310	8.280
材料　YJV22-4×10 电缆	km	24 350.00	—	—	—	0.050
YJV22-4×16 电缆	km	36 060.00	0.075	—	—	—
YJV22-4×25 电缆	km	55 147.00	—	0.075	—	—
YJV22-5×35 电缆	km	93 568.00	—	—	0.075	—
电缆头制作 10mm²	只	51.29	—	—	—	1.600
电缆头制作 16mm²	只	51.29	1.600	—	—	—
电缆头制作 25mm²	只	51.29	—	1.600	—	—
电缆头制作 35mm²	只	51.29	—	—	4.000	—
电缆沟铺砂盖砖(含标志桩)	km	16 415.30	0.060	0.060	0.060	—
φ110PVC-C 管道	km	15 960.00	—	—	—	0.010
满包混凝土加固	m³	375.06	—	—	—	0.861
工作井 500×500	只	49.78	—	—	—	3.000
其他材料费	元	1.00	189.330	260.900	338.450	119.640
机械　小型工程车	台班	322.00	0.300	0.300	0.300	0.300
汽车式起重机 8t	台班	648.48	0.005	0.005	0.011	—
汽车式起重机 12t	台班	748.60	—	—	—	0.024
载货汽车 4t	台班	369.21	—	—	—	0.045
载货汽车 5t	台班	382.30	0.005	0.005	0.011	0.021
电动空气压缩机 0.6m³/min	台班	33.06	—	—	—	0.113
混凝土振捣器 插入式	台班	4.65	—	—	—	0.100
双卧轴式混凝土搅拌机 500L	台班	276.37	—	—	—	0.026

工作内容:巡查线路,更换破损的电缆、标志桩、井框、井盖,处理线路缺陷。　　　　　　　　　　　　计量单位:km

定 额 编 号			7-26	7-27	7-28	7-29
项 目			护套电缆(截面 mm²)			
			16	25	35	50
基 价 (元)			3 934.25	4 936.32	7 339.34	8 391.59
其中	人 工 费 (元)		1 117.80	1 117.80	1 383.75	1 684.80
	材 料 费 (元)		2 665.85	3 667.92	5 765.81	6 517.01
	机 械 费 (元)		150.60	150.60	189.78	189.78
名 称	单位	单价(元)	消 耗 量			
人工	二类人工	工日	135.00	8.280	8.280	10.250	12.480
材料	YJV22 – 4 ×16 电缆	km	36 060.00	0.050	—	—	—
	YJV22 – 4 ×25 电缆	km	55 147.00	—	0.050	—	—
	YJV22 – 5 ×35 电缆	km	93 568.00	—	—	0.050	—
	YJV22 – 4 ×50 电缆	km	102 851.00	—	—	—	0.050
	电缆头制作 16mm²	只	51.29	1.600	—	—	—
	电缆头制作 25mm²	只	51.29	—	1.600	—	—
	电缆头制作 35mm²	只	51.29	—	—	4.000	—
	电缆头制作 50mm²	只	102.38	—	—	—	4.000
	φ110PVC – C 管道	km	15 960.00	0.010	0.010	0.010	0.010
	满包混凝土加固	m³	375.06	0.861	0.861	0.861	0.861
	工作井 500 ×500	只	49.78	3.000	3.000	3.000	3.000
	其他材料费	元	1.00	148.920	196.640	250.380	333.070
机械	小型工程车	台班	322.00	0.300	0.300	0.300	0.300
	汽车式起重机 12t	台班	748.60	0.024	0.024	0.060	0.060
	载货汽车 4t	台班	369.21	0.045	0.045	0.045	0.045
	载货汽车 5t	台班	382.30	0.021	0.021	0.053	0.053
	电动空气压缩机 0.6m³/min	台班	33.06	0.113	0.113	0.113	0.113
	混凝土振捣器 插入式	台班	4.65	0.100	0.100	0.100	0.100
	双卧轴式混凝土搅拌机 500L	台班	276.37	0.026	0.026	0.026	0.026

四、高 杆 照 明

1. 升降式高杆照明设施(400W 高压钠灯)

工作内容:更换失效的灯泡、镇流器、触发器、熔断器、补偿电容、瓷灯头、灯具、护套线、灯盘、钢丝绳、卷扬机、灯杆,灯杆油漆、灯具清洁、测接地电阻和巡视。

计量单位:基

定 额 编 号			7-30	7-31	7-32	7-33
项 目			灯泡数量(火)			
			12	18	24	30
基 价 (元)			**2 393.23**	**3 183.06**	**4 211.64**	**5 139.73**
其中	人 工 费 (元)		626.40	685.80	882.90	1 077.30
	材 料 费 (元)		1 374.66	2 059.45	2 744.23	3 429.02
	机 械 费 (元)		392.17	437.81	584.51	633.41
名 称	单位	单价(元)	消 耗 量			
人工 二类人工	工日	135.00	4.640	5.080	6.540	7.980
材料 灯泡 NG-400W	只	59.70	7.200	10.800	14.400	18.000
镇流器 NG-400W	只	192.00	1.200	1.800	2.400	3.000
触发器(通用型)	只	24.00	2.400	3.600	4.800	6.000
补偿电容 50μF	只	36.00	1.200	1.800	2.400	3.000
瓷灯头 E40	只	6.00	0.600	0.900	1.200	1.500
投光灯具 400W 铝拉伸	只	860.00	0.600	0.900	1.200	1.500
螺旋式熔断器 15A	套	9.50	1.200	1.800	2.400	3.000
路灯号牌(自粘型)	块	10.00	0.200	0.200	0.200	0.200
线缆联接装置 三项四线制	套	57.00	0.050	0.050	0.050	0.050
护套线 RVV-3×2.5	m	5.25	2.400	3.600	4.800	6.000
其他材料费	元	1.00	65.170	97.640	130.100	162.570
机械 高空作业车 13m	台班	326.00	1.200	1.340	1.790	1.940
小型工程车	台班	322.00	0.003	0.003	0.003	0.003

2. 升降式高杆照明设施(1 000W 高压钠灯)

工作内容:更换失效的灯泡、镇流器、触发器、熔断器、补偿电容、瓷灯头、灯具、护套线、灯盘、钢丝
绳、卷扬机、灯杆,灯杆油漆、灯具清洁、测接地电阻和巡视。　　　　　　　　　计量单位:基

定　额　编　号				7-34	7-35	7-36	7-37
项　　　目				灯泡数量(火)			
				6	9	12	15
基　　价　　(元)				**2 986.94**	**4 302.03**	**5 479.42**	**6 656.81**
其中	人　　工　　费　(元)			294.30	461.70	491.40	521.10
	材　　料　　费　(元)			2 300.47	3 448.16	4 595.85	5 743.54
	机　　械　　费　(元)			392.17	392.17	392.17	392.17
名　　称		单位	单价(元)	消　　耗　　量			
人工	二类人工	工日	135.00	2.180	3.420	3.640	3.860
材料	灯泡 NG－1 000W	只	435.00	3.600	5.400	7.200	9.000
	镇流器 NG－1 000W	只	450.00	0.600	0.900	1.200	1.500
	触发器(通用型)	只	24.00	1.200	1.800	2.400	3.000
	补偿电容 50μF	只	36.00	0.600	0.900	1.200	1.500
	瓷灯头 E40	只	6.00	0.300	0.450	0.600	0.750
	投光灯具 1000 铝拉伸	只	950.00	0.300	0.450	0.600	0.750
	螺旋式熔断器 15A	套	9.50	0.600	0.900	1.200	1.500
	路灯号牌(自粘型)	块	10.00	0.200	0.200	0.200	0.200
	线缆联接装置 三项四线制	套	57.00	0.050	0.050	0.050	0.050
	护套线 RVV－3×2.5	m	5.25	1.200	1.800	2.400	3.000
	其他材料费	元	1.00	110.420	165.510	220.600	275.690
机械	高空作业车 13m	台班	326.00	1.200	1.200	1.200	1.200
	小型工程车	台班	322.00	0.003	0.003	0.003	0.003

3. 升降式高杆照明设施(400W LED)

工作内容:更换失效的 LED、驱动电源、熔断器、灯具、护套线、灯盘、钢丝绳、卷扬机、灯杆,灯杆油漆、
灯具清洁、测接地电阻和巡视。　　　　　　　　　　　　　　　　　　　　　　计量单位:基

定　额　编　号				7-38	7-39	7-40	7-41
项　　　目				灯泡数量(火)			
				12	18	24	30
基　　价　　(元)				**4 295.16**	**6 125.03**	**7 958.15**	**9 923.02**
其中	人　　工　　费　(元)			564.30	729.00	893.70	1 193.40
	材　　料　　费　(元)			3 276.75	4 912.58	6 548.40	8 184.23
	机　　械　　费　(元)			454.11	483.45	516.05	545.39
名　　称		单位	单价(元)	消　　耗　　量			
人工	二类人工	工日	135.00	4.180	5.400	6.620	8.840
材料	LED 光源 400W	只	650.00	1.500	2.250	3.000	3.750
	LED 驱动 400W	只	640.00	2.400	3.600	4.800	6.000
	LED 灯具 400W	只	950.00	0.600	0.900	1.200	1.500
	螺旋式熔断器 15A	套	9.50	2.400	3.600	4.800	6.000
	路灯号牌(自粘型)	块	10.00	0.200	0.200	0.200	0.200
	线缆联接装置 三项四线制	套	57.00	0.050	0.050	0.050	0.050
	护套线 RVV－3×2.5	m	5.25	2.400	3.600	4.800	6.000
	其他材料费	元	1.00	155.500	233.130	310.750	388.380
机械	高空作业车 13m	台班	326.00	1.390	1.480	1.580	1.670
	小型工程车	台班	322.00	0.003	0.003	0.003	0.003

五、中 杆 照 明

1. 固定式中杆照明设施(250W 高压钠灯)

工作内容:更换失效的灯泡、镇流器、触发器、熔断器、补偿电容、瓷灯头、灯具、护套线、灯盘、灯杆、灯杆油漆、灯具清洁、测接地电阻和巡视。

计量单位:基

定　额　编　号			7-42	7-43	7-44	7-45
项　　目			灯泡数量(火)			
			3	6	9	12
基　　价　(元)			**1 823.57**	**2 200.92**	**2 575.59**	**2 952.94**
其 中	人　工　费　(元)		491.40	561.60	629.10	699.30
	材　料　费　(元)		312.26	619.41	926.58	1 233.73
	机　械　费　(元)		1 019.91	1 019.91	1 019.91	1 019.91
名　　称	单位	单价(元)	消　耗　量			
人工	二类人工	工日	135.00	3.640	4.160	4.660	5.180
材 料	灯泡 NG-250W	只	49.60	1.800	3.600	5.400	7.200
	镇流器 NG-250W	只	129.00	0.300	0.600	0.900	1.200
	触发器(通用型)	只	24.00	0.600	1.200	1.800	2.400
	补偿电容 32μF	只	36.00	0.300	0.600	0.900	1.200
	瓷灯头 E40	只	6.00	0.150	0.300	0.450	0.600
	投光灯具 250W 铝拉伸	只	810.00	0.150	0.300	0.450	0.600
	螺旋式熔断器 15A	套	9.50	0.300	0.600	0.900	1.200
	路灯号牌(自粘型)	块	10.00	0.200	0.200	0.200	0.200
	线缆联接装置 三项四线制	套	57.00	0.050	0.050	0.050	0.050
	护套线 RVV-3×2.5	m	5.25	2.700	5.400	8.100	10.800
	其他材料费	元	1.00	14.800	29.350	43.910	58.460
机 械	高空作业车 26m	台班	670.36	1.520	1.520	1.520	1.520
	小型工程车	台班	322.00	0.003	0.003	0.003	0.003

2.固定式中杆照明设施(400W 高压钠灯)

工作内容:更换失效的灯泡、镇流器、触发器、熔断器、补偿电容、瓷灯头、灯具、护套线、灯盘、灯杆,
灯杆油漆、灯具清洁、测接地电阻和巡视。

计量单位:基

定 额 编 号				7-46	7-47	7-48	7-49
项 目				灯泡数量(火)			
				3	6	9	12
基 价 (元)				1 870.38	2 294.54	2 716.01	3 140.18
其 中	人 工 费 (元)			491.40	561.60	629.10	699.30
	材 料 费 (元)			359.07	713.03	1 067.00	1 420.97
	机 械 费 (元)			1 019.91	1 019.91	1 019.91	1 019.91
名 称		单位	单价(元)	消 耗 量			
人工	二类人工	工日	135.00	3.640	4.160	4.660	5.180
材 料 ·	灯泡 NG-400W	只	59.70	1.800	3.600	5.400	7.200
	镇流器 NG-400W	只	192.00	0.300	0.600	0.900	1.200
	触发器(通用型)	只	24.00	0.600	1.200	1.800	2.400
	补偿电容 50μF	只	36.00	0.300	0.600	0.900	1.200
	瓷灯头 E40	只	6.00	0.150	0.300	0.450	0.600
	投光灯具 400W 铝拉伸	只	860.00	0.150	0.300	0.450	0.600
	螺旋式熔断器 15A	套	9.50	0.300	0.600	0.900	1.200
	路灯号牌(自粘型)	块	10.00	0.200	0.200	0.200	0.200
	线缆联接装置 三项四线制	套	57.00	0.050	0.050	0.050	0.050
	护套线 RVV-3×2.5	m	5.25	2.700	5.400	8.100	10.800
	其他材料费	元	1.00	17.030	33.810	50.590	67.380
机 械	高空作业车 26m	台班	670.36	1.520	1.520	1.520	1.520
	小型工程车	台班	322.00	0.003	0.003	0.003	0.003

3. 升降式中杆照明设施(400W 高压钠灯)

工作内容:更换失效的灯泡、镇流器、触发器、熔断器、补偿电容、瓷灯头、灯具、护套线、灯盘、钢丝绳、卷扬机、灯杆,灯杆油漆、灯具清洁、测接地电阻和巡视。　　　　　　计量单位:基

定 额 编 号			7-50	7-51	7-52	7-53
项 目			灯泡数量(火)			
			3	6	9	12
基 价 (元)			**1 335.38**	**1 747.97**	**2 157.86**	**2 570.45**
其中	人 工 费 (元)		491.40	561.60	629.10	699.30
	材 料 费 (元)		347.49	689.88	1 032.27	1 374.66
	机 械 费 (元)		496.49	496.49	496.49	496.49
名 称	单位	单价(元)	消 耗 量			
人工 二类人工	工日	135.00	3.640	4.160	4.660	5.180
材料 灯泡 NG-400W	只	59.70	1.800	3.600	5.400	7.200
镇流器 NG-400W	只	192.00	0.300	0.600	0.900	1.200
触发器(通用型)	只	24.00	0.600	1.200	1.800	2.400
补偿电容 50μF	只	36.00	0.300	0.600	0.900	1.200
瓷灯头 E40	只	6.00	0.150	0.300	0.450	0.600
投光灯具 400W 铝拉伸	只	860.00	0.150	0.300	0.450	0.600
螺旋式熔断器 15A	套	9.50	0.300	0.600	0.900	1.200
路灯号牌(自粘型)	块	10.00	0.200	0.200	0.200	0.200
线缆联接装置 三项四线制	套	57.00	0.050	0.050	0.050	0.050
护套线 RVV-3×2.5	m	5.25	0.600	1.200	1.800	2.400
其他材料费	元	1.00	16.480	32.710	48.940	65.170
机械 高空作业车 13m	台班	326.00	1.520	1.520	1.520	1.520
小型工程车	台班	322.00	0.003	0.003	0.003	0.003

4. 固定式中杆照明设施(180W LED)

工作内容:更换失效的LED、驱动电源、熔断器、灯具等,灯杆油漆、灯具清洁,测接地电阻和灯况巡视。**计量单位:基**

定 额 编 号			7-54	7-55	7-56	7-57
项 目			灯泡数量(火)			
			3	6	9	12
基 价 (元)			**1 997.78**	**2 455.94**	**2 932.93**	**3 442.39**
其中	人 工 费 (元)		629.10	699.30	785.70	907.20
	材 料 费 (元)		395.69	783.65	1 174.24	1 562.20
	机 械 费 (元)		972.99	972.99	972.99	972.99
名 称	单位	单价(元)	消 耗 量			
人工 二类人工	工日	135.00	4.660	5.180	5.820	6.720
材料 LED 光源 180W	只	262.00	0.380	0.750	1.130	1.500
LED 驱动 180W	只	240.00	0.600	1.200	1.800	2.400
LED 灯具 180W	只	725.00	0.150	0.300	0.450	0.600
螺旋式熔断器 15A	套	9.50	0.600	1.200	1.800	2.400
路灯号牌(自粘型)	块	10.00	0.200	0.200	0.200	0.200
线缆联接装置 三项四线制	套	57.00	0.050	0.050	0.050	0.050
护套线 RVV-3×2.5	m	5.25	2.700	5.400	8.100	10.800
其他材料费	元	1.00	18.650	37.050	55.450	73.850
机械 高空作业车 26m	台班	670.36	1.450	1.450	1.450	1.450
小型工程车	台班	322.00	0.003	0.003	0.003	0.003

六、常 规 照 明

1. 架空线路 1.2m 以内悬挑灯

工作内容:更换失效的灯泡、镇流器、熔断器、瓷灯头、灯具等,灯具清洁,灯况巡视。　　　　计量单位:100 基

定 额 编 号				7-58	7-59	7-60
项 目				光源规格		
				23W 节能灯	LED 球泡灯 9W (驱动一体)	NG－100
基 价 (元)				**28 044.51**	**20 294.01**	**22 190.61**
其中	人 工 费 (元)			9 248.85	9 248.85	9 248.85
	材 料 费 (元)			12 984.28	6 211.78	7 912.78
	机 械 费 (元)			5 811.38	4 833.38	5 028.98
名 称		单位	单价(元)	消 耗 量		
人工	二类人工	工日	135.00	68.510	68.510	68.510
材料	23W 节能灯	只	45.00	200.000	—	—
	LED 球泡灯 9W(驱动一体)	只	25.50	—	100.000	—
	光源 NG－100W	只	43.00	—	—	60.000
	镇流器 NG－100W	只	71.00	—	—	10.000
	触发器(通用型)	只	24.00	—	—	20.000
	电容器 12μF	只	10.00	—	—	10.000
	灯具 70W 铝拉伸	只	490.00	5.000	5.000	—
	灯具 100W 铝拉伸	只	550.00	—	—	5.000
	瓷灯头	只	5.50	5.000	5.000	5.000
	路灯号牌(自粘型)	块	10.00	20.000	20.000	20.000
	护套线 BVV－2×2.5	m	3.33	15.000	15.000	15.000
	引下线 1/1.78(铜芯)	m	3.82	100.000	100.000	100.000
	熔断器(户外型)	只	9.50	10.000	10.000	10.000
	蝶式瓷瓶 3#	只	17.00	6.000	6.000	6.000
	针式瓷瓶 3#	只	10.00	6.000	6.000	6.000
	其他材料费	元	1.00	617.830	295.330	376.330
机械	高空作业车 13m	台班	326.00	17.530	14.530	15.130
	小型工程车	台班	322.00	0.300	0.300	0.300

2. 架空线路 1.2m 以上悬挑灯

工作内容:更换失效的灯泡、镇流器、熔断器、瓷灯头、灯具等,灯具清洁,灯况巡视。　　　　　　计量单位:100 基

定　额　编　号			7-61	7-62	7-63	7-64
项　　目			光源规格			
			NG－100	NG－150	NG－250	NG－400
基　价　(元)			**22 247.60**	**23 767.81**	**24 799.03**	**26 364.83**
其中	人　工　费　(元)		9 248.85	9 248.85	9 248.85	9 248.85
	材　料　费　(元)		7 946.95	9 467.16	10 498.38	12 064.18
	机　械　费　(元)		5 051.80	5 051.80	5 051.80	5 051.80
名　称	单位	单价(元)	消　耗　量			
人工 二类人工	工日	135.00	68.510	68.510	68.510	68.510
光源 NG－100W	只	43.00	60.000	—	—	—
光源 NG－150W	只	45.80	—	60.000	—	—
光源 NG－250W	只	49.60	—	—	60.000	—
光源 NG－400W	只	59.70	—	—	—	60.000
镇流器 NG－100W	只	71.00	10.000	—	—	—
镇流器 NG－150W	只	91.22	—	10.000	—	—
镇流器 NG－250W	只	129.00	—	—	10.000	—
镇流器 NG－400W	只	192.00	—	—	—	10.000
触发器(通用型)	只	24.00	20.000	20.000	20.000	20.000
电容器 12μF	只	10.00	10.000	10.000	—	—
电容器 18μF	只	25.00	—	—	10.000	—
电容器 32μF	只	25.00	—	—	—	10.000
灯具 100W 铝拉伸	只	550.00	5.000	—	—	—
灯具 150W 铝拉伸	只	765.00	—	5.000	—	—
灯具 250W 铝拉伸	只	810.00	—	—	5.000	—
灯具 400W 铝拉伸	只	860.00	—	—	—	5.000
瓷灯头	只	5.50	5.000	5.000	—	—
瓷灯头 E40	只	6.00	—	—	5.000	5.000
路灯号牌(自粘型)	块	10.00	20.000	20.000	20.000	20.000
护套线 BVV－2×2.5	m	3.33	25.000	25.000	25.000	25.000
引下线 1/1.78(铜芯)	m	3.82	100.000	100.000	100.000	100.000
熔断器(户外型)	只	9.50	10.000	10.000	10.000	10.000
蝶式瓷瓶 3#	只	17.00	6.000	6.000	6.000	6.000
针式瓷瓶 3#	只	10.00	6.000	6.000	6.000	6.000
其他材料费	元	1.00	377.200	452.210	500.130	579.930
机械 高空作业车 13m	台班	326.00	15.200	15.200	15.200	15.200
小型工程车	台班	322.00	0.300	0.300	0.300	0.300

3.7m 以下单挑灯(钠灯)

工作内容:更换失效的灯泡、镇流器、触发器、断路器、瓷灯头、灯具等,灯杆油漆、灯具清洁、测接地电阻和灯况巡视。

计量单位:100 基

定 额 编 号				7-65	7-66	7-67	7-68
项 目				光源规格			
				NG－70	NG－100	NG－150	NG－250
基 价 (元)				**22 423.80**	**22 901.23**	**24 571.44**	**25 453.53**
其中	人 工 费 (元)			9 248.85	9 248.85	9 248.85	9 248.85
	材 料 费 (元)			7 440.77	7 918.20	9 588.41	10 470.50
	机 械 费 (元)			5 734.18	5 734.18	5 734.18	5 734.18
名 称	单位	单价(元)		消 耗 量			
人工	二类人工	工日	135.00	68.510	68.510	68.510	68.510
材	光源 NG－70W	只	42.00	60.000	—	—	—
	光源 NG－100W	只	43.00	—	60.000	—	—
	光源 NG－150W	只	45.80	—	—	60.000	—
	光源 NG－250W	只	49.60	—	—	—	60.000
	镇流器 NG－70W	只	61.53	10.000	—	—	—
	镇流器 NG－100W	只	71.00	—	10.000	—	—
	镇流器 NG－150W	只	91.22	—	—	10.000	—
	镇流器 NG－250W	只	129.00	—	—	—	10.000
	触发器(通用型)	只	24.00	20.000	20.000	20.000	20.000
	电容器 12μF	只	10.00	10.000	10.000	—	—
	电容器 18μF	只	25.00	—	—	10.000	—
	电容器 32μF	只	25.00	—	—	—	10.000
	灯具 70W 铝拉伸	只	490.00	5.000	—	—	—
	灯具 100W 铝拉伸	只	550.00	—	5.000	—	—
	灯具 150W 铝拉伸	只	765.00	—	—	5.000	—
	灯具 250W 铝拉伸	只	810.00	—	—	—	5.000
	瓷灯头	只	5.50	5.000	5.000	5.000	—
	瓷灯头 E40	只	6.00	—	—	—	5.000
	路灯号牌(自粘型)	块	10.00	20.000	20.000	20.000	20.000
	线缆联接装置 三项四线制	套	57.00	5.000	5.000	5.000	5.000
料	护套线 BVV－2×2.5	m	3.33	50.000	50.000	50.000	50.000
	熔断器(户外型)	只	9.50	10.000	10.000	10.000	10.000
	其他材料费	元	1.00	501.470	524.200	599.210	648.000
机械	高空作业车 13m	台班	326.00	14.330	14.330	14.330	14.330
	小型工程车	台班	322.00	3.300	3.300	3.300	3.300

4.7m 以下单挑灯(LED)

工作内容:更换失效的 LED、驱动电源、熔断器、灯具等,灯杆油漆、灯具清洁、测接地电阻和
灯况巡视。

计量单位:100 基

定　额　编　号				7-69	7-70	7-71	7-72
项　　　　　目				光源规格			
				LED 光源 60W	LED 光源 80W	LED 光源 100W	LED 光源 120W
基　　价　(元)				**22 707.68**	**25 190.93**	**25 991.53**	**26 870.93**
其中	人　工　费　(元)			10 477.35	10 477.35	10 477.35	10 477.35
	材　料　费　(元)			7 327.45	9 810.70	10 611.30	11 490.70
	机　械　费　(元)			4 902.88	4 902.88	4 902.88	4 902.88
名　　称		单位	单价(元)	消　耗　量			
人工	二类人工	工日	135.00	77.610	77.610	77.610	77.610
材料	LED 光源 60W	只	88.00	12.500	—	—	—
	LED 光源 80W	只	150.00	—	12.500	—	—
	LED 光源 100W	只	175.00	—	—	12.500	—
	LED 光源 120W	只	210.00	—	—	—	12.500
	驱动电源 60W	只	123.00	20.000	—	—	—
	驱动电源 80W	只	175.00	—	20.000	—	—
	驱动电源 100W	只	185.00	—	—	20.000	—
	驱动电源 120W	只	195.00	—	—	—	20.000
	灯具 LED 60W	只	505.00	5.000	—	—	—
	灯具 LED 80W	只	615.00	—	5.000	—	—
	灯具 LED 100W	只	665.00	—	—	5.000	—
	灯具 LED 120W	只	705.00	—	—	—	5.000
	路灯号牌(自粘型)	块	10.00	20.000	20.000	20.000	20.000
	线缆联接装置 三项四线制	套	57.00	5.000	5.000	5.000	5.000
	护套线 BVV-2×2.5	m	3.33	50.000	50.000	50.000	50.000
	熔断器(户外型)	只	9.50	10.000	10.000	10.000	10.000
	其他材料费	元	1.00	495.950	614.200	652.300	694.200
机械	高空作业车 13m	台班	326.00	11.780	11.780	11.780	11.780
	小型工程车	台班	322.00	3.300	3.300	3.300	3.300

5.7m 以下双挑灯(钠灯)

工作内容: 更换失效的灯泡、镇流器、触发器、断路器、瓷灯头、灯具等,灯杆油漆、灯具清洁、
测接地电阻和灯况巡视。

计量单位:100 基

定 额 编 号				7-73	7-74	7-75	7-76
项 目				光源规格			
				NG－70	NG－100	NG－150	NG－250
基 价 (元)				32 711.71	33 666.58	37 007.00	328 339.13
其中	人 工 费	(元)		11 295.45	11 295.45	11 295.45	11 295.45
	材 料 费	(元)		14 215.08	15 169.95	18 510.37	309 842.50
	机 械 费	(元)		7 201.18	7 201.18	7 201.18	7 201.18
	名 称	单位	单价(元)	消 耗 量			
人工	二类人工	工日	135.00	83.670	83.670	83.670	83.670
材料	光源 NG－70W	只	42.00	120.000	—	—	—
	光源 NG－100W	只	43.00	—	120.000	—	—
	光源 NG－150W	只	45.80	—	—	120.000	—
	光源 NG－250W	只	49.60	—	—	—	5 952.000
	镇流器 NG－70W	只	61.53	20.000	—	—	—
	镇流器 NG－100W	只	71.00	—	20.000	—	—
	镇流器 NG－150W	只	91.22	—	—	20.000	—
	镇流器 NG－250W	只	129.00	—	—	—	20.000
	触发器(通用型)	只	24.00	40.000	40.000	40.000	40.000
	电容器 12μF	只	10.00	20.000	20.000	—	—
	电容器 18μF	只	25.00	—	—	20.000	—
	电容器 32μF	只	25.00	—	—	—	20.000
	灯具 70W 铝拉伸	只	490.00	10.000	—	—	—
	灯具 100W 铝拉伸	只	550.00	—	10.000	—	—
	灯具 150W 铝拉伸	只	765.00	—	—	10.000	—
	灯具 250W 铝拉伸	只	810.00	—	—	—	10.000
	瓷灯头	只	5.50	10.000	10.000	10.000	—
	瓷灯头 E40	只	6.00	—	—	—	60.000
	路灯号牌(自粘型)	块	10.00	20.000	20.000	20.000	20.000
	线缆联接装置 三项四线制	套	57.00	5.000	5.000	5.000	5.000
	护套线 BVV－2×2.5	m	3.33	100.000	100.000	100.000	100.000
	熔断器(户外型)	只	9.50	20.000	20.000	20.000	20.000
	其他材料费	元	1.00	821.480	866.950	1 016.970	1 115.300
机械	高空作业车 13m	台班	326.00	18.830	18.830	18.830	18.830
	小型工程车	台班	322.00	3.300	3.300	3.300	3.300

6.7m 以下双挑灯（LED）

工作内容： 更换失效的 LED、驱动电源、熔断器、灯具等，灯杆油漆、灯具清洁、测接地电阻和灯况巡视。

计量单位：100 基

定 额 编 号				7-77	7-78	7-79	7-80
项　　目				光源规格			
				LED 光源 60W	LED 光源 80W	LED 光源 100W	LED 光源 120W
基　　价　（元）				27 955.38	32 921.88	34 523.13	36 281.88
其中	人　工　费　（元）			8 694.00	8 694.00	8 694.00	8 694.00
	材　料　费　（元）			13 722.80	18 689.30	20 290.55	22 049.30
	机　械　费　（元）			5 538.58	5 538.58	5 538.58	5 538.58
	名　称	单位	单价（元）	消　耗　量			
人工	二类人工	工日	135.00	64.400	64.400	64.400	64.400
材料	LED 光源 60W	只	88.00	25.000	—	—	—
	LED 光源 80W	只	150.00	—	25.000	—	—
	LED 光源 100W	只	175.00	—	—	25.000	—
	LED 光源 120W	只	210.00	—	—	—	25.000
	驱动电源 60W	只	123.00	40.000	—	—	—
	驱动电源 80W	只	175.00	—	40.000	—	—
	驱动电源 100W	只	185.00	—	—	40.000	—
	驱动电源 120W	只	195.00	—	—	—	40.000
	灯具 LED 60W	只	505.00	10.000	—	—	—
	灯具 LED 80W	只	615.00	—	10.000	—	—
	灯具 LED 100W	只	665.00	—	—	10.000	—
	灯具 LED 120W	只	705.00	—	—	—	10.000
	路灯号牌（自粘型）	块	10.00	20.000	20.000	20.000	20.000
	线缆联接装置 三项四线制	套	57.00	5.000	5.000	5.000	5.000
	护套线 BVV-2×2.5	m	3.33	20.000	20.000	20.000	20.000
	熔断器（户外型）	只	9.50	20.000	20.000	20.000	20.000
	其他材料费	元	1.00	811.200	1 047.700	1 123.950	1 207.700
机械	高空作业车 13m	台班	326.00	13.730	13.730	13.730	13.730
	小型工程车	台班	322.00	3.300	3.300	3.300	3.300

7.10m 以下混凝土杆单挑灯(钠灯)

工作内容:更换失效的灯泡、镇流器、触发器、断路器、瓷灯头、灯具等,灯杆油漆、灯具清洁、测接地电阻和灯况巡视。

计量单位:100 基

定 额 编 号				7-81	7-82	7-83	7-84
项 目				光源规格			
				NG – 100	NG – 150	NG – 250	NG – 400
基 价 (元)				**21 129.32**	**22 799.53**	**23 679.50**	**57 594.55**
其中	人 工 费		(元)	8 001.45	8 001.45	8 001.45	8 001.45
	材 料 费		(元)	8 027.17	9 697.38	10 577.35	44 492.40
	机 械 费		(元)	5 100.70	5 100.70	5 100.70	5 100.70
名 称		单位	单价(元)	消 耗 量			
人工	二类人工	工日	135.00	59.270	59.270	59.270	59.270
材料	光源 NG – 100W	只	43.00	60.000	—	—	—
	光源 NG – 150W	只	45.80	—	60.000	—	—
	光源 NG – 250W	只	49.60	—	—	60.000	—
	光源 NG – 400W	只	59.70	—	—	—	600.000
	镇流器 NG – 100W	只	71.00	10.000	—	—	—
	镇流器 NG – 150W	只	91.22	—	10.000	—	—
	镇流器 NG – 250W	只	129.00	—	—	10.000	—
	镇流器 NG – 400W	只	192.00	—	—	—	10.000
	触发器(通用型)	只	24.00	20.000	20.000	20.000	20.000
	电容器 12μF	只	10.00	10.000	—	—	—
	电容器 18μF	只	25.00	—	10.000	—	—
	电容器 32μF	只	25.00	—	—	10.000	—
	电容器 50μF	只	36.00	—	—	—	10.000
	灯具 100W 铝拉伸	只	550.00	5.000	—	—	—
	灯具 150W 铝拉伸	只	765.00	—	5.000	—	—
	灯具 250W 铝拉伸	只	810.00	—	—	5.000	—
	灯具 400W 铝拉伸	只	860.00	—	—	—	5.000
	瓷灯头	只	5.50	5.000	5.000	—	—
	瓷灯头 E40	只	6.00	—	—	5.000	5.000
	路灯号牌(自粘型)	块	10.00	20.000	20.000	20.000	20.000
	护套线 BVV – 2×2.5	m	3.33	25.000	25.000	25.000	25.000
	引下线 1 / 1.78(铜芯)	m	3.82	120.000	120.000	120.000	120.000
	熔断器(户外型)	只	9.50	10.000	10.000	10.000	10.000
	蝶式瓷瓶 3#	只	17.00	6.000	6.000	6.000	6.000
	针式瓷瓶 3#	只	10.00	6.000	6.000	6.000	6.000
	其他材料费	元	1.00	381.020	456.030	502.700	583.750
机械	高空作业车 13m	台班	326.00	15.350	15.350	15.350	15.350
	小型工程车	台班	322.00	0.300	0.300	0.300	0.300

8.10m 以下混凝土杆单挑灯(LED)

工作内容: 更换失效的 LED、驱动电源、断路器、灯具等,灯杆油漆、灯具清洁、测接地电阻和
灯况巡视。

计量单位:100 基

定　额　编　号			7-85	7-86	7-87	7-88
项　　目			光源规格			
			LED 光源 60W	LED 光源 80W	LED 光源 120W	LED 光源 180W
基　价　(元)			**19 299.08**	**21 782.33**	**23 462.33**	**25 194.83**
其中	人　工　费　(元)		7 722.00	7 722.00	7 722.00	7 722.00
	材　料　费　(元)		7 356.58	9 839.83	11 519.83	13 252.33
	机　械　费　(元)		4 220.50	4 220.50	4 220.50	4 220.50
名　　称	单位	单价(元)	消　耗　量			
人工 二类人工	工日	135.00	57.200	57.200	57.200	57.200
材料 LED 光源 60W	只	88.00	12.500	—	—	—
LED 光源 80W	只	150.00	—	12.500	—	—
LED 光源 120W	只	210.00	—	—	12.500	—
LED 光源 180W	只	262.00	—	—	—	12.500
驱动电源 60W	只	123.00	20.000	—	—	—
驱动电源 80W	只	175.00	—	20.000	—	—
驱动电源 120W	只	195.00	—	—	20.000	—
驱动电源 180W	只	240.00	—	—	—	20.000
灯具 LED 60W	只	505.00	5.000	—	—	—
灯具 LED 80W	只	615.00	—	5.000	—	—
灯具 LED 120W	只	705.00	—	—	5.000	—
灯具 LED 180W	只	725.00	—	—	—	5.000
路灯号牌(自粘型)	块	10.00	20.000	20.000	20.000	20.000
护套线 BVV-2×2.5	m	3.33	25.000	25.000	25.000	25.000
引下线 1/1.78(铜芯)	m	3.82	100.000	100.000	100.000	100.000
熔断器(户外型)	套	9.50	10.000	10.000	10.000	10.000
蝶式瓷瓶 3#	只	17.00	6.000	6.000	6.000	6.000
针式瓷瓶 3#	只	10.00	6.000	6.000	6.000	6.000
其他材料费	元	1.00	349.330	467.580	547.580	630.080
机械 高空作业车 13m	台班	326.00	12.650	12.650	12.650	12.650
小型工程车	台班	322.00	0.300	0.300	0.300	0.300

9.10m 以下混凝土杆双挑灯(钠灯)

工作内容：更换失效的灯泡、镇流器、触发器、断路器、瓷灯头、灯具等，灯杆油漆、灯具清洁、
测接地电阻和灯况巡视。

计量单位：100 基

	定 额 编 号			7-89	7-90	7-91	7-92
	项 目			光源规格			
				NG－100	NG－150	NG－250	NG－400
	基 价 （元）			31 357.14	34 697.56	36 459.99	99 511.59
其中	人 工 费 （元）			9 655.20	9 655.20	9 655.20	9 655.20
	材 料 费 （元）			15 192.92	18 533.34	20 295.77	83 347.37
	机 械 费 （元）			6 509.02	6 509.02	6 509.02	6 509.02
	名 称	单位	单价(元)	消 耗 量			
人工	二类人工	工日	135.00	71.520	71.520	71.520	71.520
材料	光源 NG－100W	只	43.00	120.000	—	—	—
	光源 NG－150W	只	45.80	—	120.000	—	—
	光源 NG－250W	只	49.60	—	—	120.000	—
	光源 NG－400W	只	59.70	—	—	—	1 120.000
	镇流器 NG－100W	只	71.00	20.000	—	—	—
	镇流器 NG－150W	只	91.22	—	20.000	—	—
	镇流器 NG－250W	只	129.00	—	—	20.000	—
	镇流器 NG－400W	只	192.00	—	—	—	20.000
	触发器(通用型)	只	24.00	40.000	40.000	40.000	40.000
	电容器 12μF	只	10.00	20.000	—	—	—
	电容器 18μF	只	25.00	—	20.000	—	—
	电容器 32μF	只	25.00	—	—	20.000	—
	电容器 50μF	只	36.00	—	—	—	20.000
	灯具 100W 铝拉伸	只	550.00	10.000	—	—	—
	灯具 150W 铝拉伸	只	765.00	—	10.000	—	—
	灯具 250W 铝拉伸	只	810.00	—	—	10.000	—
	灯具 400W 铝拉伸	只	860.00	—	—	—	10.000
	瓷灯头	只	5.50	10.000	10.000	—	—
	瓷灯头 E40	只	6.00	—	—	10.000	10.000
	路灯号牌(自粘型)	块	10.00	20.000	20.000	20.000	20.000
	护套线 BVV－2×2.5	m	3.33	50.000	50.000	50.000	50.000
	引下线 1／1.78(铜芯)	m	3.82	120.000	120.000	120.000	120.000
	熔断器(户外型)	只	9.50	20.000	20.000	20.000	20.000
	蝶式瓷瓶 3#	只	17.00	6.000	6.000	6.000	6.000
	针式瓷瓶 3#	只	10.00	6.000	6.000	6.000	6.000
	其他材料费	元	1.00	721.020	871.040	966.870	1 126.470
机械	高空作业车 13m	台班	326.00	19.670	19.670	19.670	19.670
	小型工程车	台班	322.00	0.300	0.300	0.300	0.300

10.10m以下混凝土杆双挑灯(LED)

工作内容:更换失效的LED、驱动电源、断路器、灯具等,灯杆油漆、灯具清洁、测接地电阻和灯况巡视。

计量单位:100基

定 额 编 号				7-93	7-94	7-95	7-96
项 目				光源规格			
				LED 光源 60W	LED 光源 80W	LED 光源 120W	LED 光源 180W
基 价 (元)				**25 522.67**	**30 489.17**	**33 849.17**	**37 314.17**
其 中	人 工 费 (元)			6 793.20	6 793.20	6 793.20	6 793.20
	材 料 费 (元)			13 931.95	18 898.45	22 258.45	25 723.45
	机 械 费 (元)			4 797.52	4 797.52	4 797.52	4 797.52
	名 称	单位	单价(元)	消 耗 量			
人工	二类人工	工日	135.00	50.320	50.320	50.320	50.320
材 料	LED 光源 60W	只	88.00	25.000	—	—	—
	LED 光源 80W	只	150.00	—	25.000	—	—
	LED 光源 120W	只	210.00	—	—	25.000	—
	LED 光源 180W	只	262.00	—	—	—	25.000
	驱动电源 60W	只	123.00	40.000	—	—	—
	驱动电源 80W	只	175.00	—	40.000	—	—
	驱动电源 120W	只	195.00	—	—	40.000	—
	驱动电源 180W	只	240.00	—	—	—	40.000
	灯具 LED 60W	只	505.00	10.000	—	—	—
	灯具 LED 80W	只	615.00	—	10.000	—	—
	灯具 LED 120W	只	705.00	—	—	10.000	—
	灯具 LED 180W	只	725.00	—	—	—	10.000
	路灯号牌(自粘型)	块	10.00	20.000	20.000	20.000	20.000
	护套线 BVV−2×2.5	米	3.33	50.000	50.000	50.000	50.000
	引下线 1/1.78(铜芯)	米	3.82	100.000	100.000	100.000	100.000
	熔断器(户外型)	套	9.50	20.000	20.000	20.000	20.000
	蝶式瓷瓶 3#	只	17.00	6.000	6.000	6.000	6.000
	针式瓷瓶 3#	只	10.00	6.000	6.000	6.000	6.000
	其他材料费	元	1.00	661.450	897.950	1 057.950	1 222.950
机 械	高空作业车 13m	台班	326.00	14.420	14.420	14.420	14.420
	小型工程车	台班	322.00	0.300	0.300	0.300	0.300

11.13m 以下单挑灯(钠灯)

工作内容：更换失效的灯泡、镇流器、触发器、断路器、瓷灯头、灯具等，灯杆油漆、灯具清洁、测接地电阻和灯况巡视。

计量单位：100 基

定　额　编　号			7-97	7-98	7-99	7-100
项　　目			光源规格			
			NG－100	NG－150	NG－250	NG－400
基　价　（元）			**23 438.76**	**25 108.97**	**25 992.69**	**27 668.49**
其中	人　工　费（元）		9 641.70	9 641.70	9 641.70	9 641.70
	材　料　费（元）		8 004.20	9 674.41	10 558.13	12 233.93
	机　械　费（元）		5 792.86	5 792.86	5 792.86	5 792.86
名　　称	单位	单价(元)	消　耗　量			
人工　二类人工	工日	135.00	71.420	71.420	71.420	71.420
光源 NG－100W	只	43.00	60.000	—	—	—
光源 NG－150W	只	45.80	—	60.000	—	—
光源 NG－250W	只	49.60	—	—	60.000	—
光源 NG－400W	只	59.70	—	—	—	60.000
镇流器 NG－100W	只	71.00	10.000	—	—	—
镇流器 NG－150W	只	91.22	—	10.000	—	—
镇流器 NG－250W	只	129.00	—	—	10.000	—
镇流器 NG－400W	只	192.00	—	—	—	10.000
触发器(通用型)	只	24.00	20.000	20.000	20.000	20.000
电容器 12μF	只	10.00	10.000	—	—	—
电容器 18μF	只	25.00	—	10.000	—	—
电容器 32μF	只	25.00	—	—	10.000	—
电容器 50μF	只	36.00	—	—	—	10.000
灯具 100W 铝拉伸	只	550.00	5.000	—	—	—
灯具 150W 铝拉伸	只	765.00	—	5.000	—	—
灯具 250W 铝拉伸	只	810.00	—	—	5.000	—
灯具 400W 铝拉伸	只	860.00	—	—	—	5.000
瓷灯头	只	5.50	5.000	5.000	—	—
瓷灯头 E40	只	6.00	—	—	5.000	5.000
路灯号牌(自粘型)	块	10.00	20.000	20.000	20.000	20.000
线缆联接装置 三项四线制	套	57.00	5.000	5.000	5.000	5.000
护套线 BVV－2×2.5	m	3.33	75.000	75.000	75.000	75.000
熔断器(户外型)	只	9.50	10.000	10.000	10.000	10.000
其他材料费	元	1.00	526.950	601.960	652.380	732.180
机械　高空作业车 13m	台班	326.00	14.510	14.510	14.510	14.510
小型工程车	台班	322.00	3.300	3.300	3.300	3.300

12.13m 以下单挑灯（LED）

工作内容：更换失效的 LED、驱动电源、断路器、灯具等，灯杆油漆、灯具清洁、测接地电阻和灯况巡视。

计量单位：100 基

定 额 编 号				7-101	7-102	7-103	7-104
项　　　　目				光源规格			
				LED 光源 120W	LED 光源 160W	LED 光源 180W	LED 光源 220W
基　　价　（元）				**24 941.65**	**25 926.03**	**26 674.15**	**29 351.65**
其中	人　工　费　（元）			8 372.70	8 372.70	8 372.70	8 372.70
	材　料　费　（元）			11 594.35	12 578.73	13 326.85	16 004.35
	机　械　费　（元）			4 974.60	4 974.60	4 974.60	4 974.60
名　　称		单位	单价(元)	消　耗　量			
人工	二类人工	工日	135.00	62.020	62.020	62.020	62.020
材料	LED 光源 120W	只	210.00	12.500	—	—	—
	LED 光源 160W	只	245.00	—	12.500	—	—
	LED 光源 180W	只	262.00	—	—	12.500	—
	LED 光源 220W	只	350.00	—	—	—	12.500
	驱动电源 120W	只	195.00	20.000	—	—	—
	驱动电源 160W	只	220.00	—	20.000	—	—
	驱动电源 180W	只	240.00	—	—	20.000	—
	驱动电源 220W	只	280.00	—	—	—	20.000
	灯具 LED 120W	只	705.00	5.000	—	—	—
	灯具 LED 160W	只	705.00	—	5.000	—	—
	灯具 LED 180W	只	725.00	—	—	5.000	—
	灯具 LED 220W	只	855.00	—	—	—	5.000
	路灯号牌（自粘型）	块	10.00	20.000	20.000	20.000	20.000
	线缆联接装置 三项四线制	套	57.00	5.000	5.000	5.000	5.000
	护套线 BVV－2×2.5	m	3.33	80.000	80.000	80.000	80.000
	熔断器（户外型）	只	9.50	10.000	10.000	10.000	10.000
	其他材料费	元	1.00	697.950	744.830	780.450	907.950
机械	高空作业车 13m	台班	326.00	12.000	12.000	12.000	12.000
	小型工程车	台班	322.00	3.300	3.300	3.300	3.300

13.13m 以下双挑灯(钠灯)

工作内容:更换失效的灯泡、镇流器、触发器、断路器、瓷灯头、灯具等,灯杆油漆、灯具清洁、
测接地电阻和灯况巡视。

计量单位:100 基

定额编号				7-105	7-106	7-107	7-108
项 目				光源规格			
				NG – 100	NG – 150	NG – 250	NG – 400
基 价 (元)				**32 252.95**	**35 593.37**	**37 360.05**	**40 711.65**
其中	人 工 费 (元)			9 587.70	9 587.70	9 587.70	9 587.70
	材 料 费 (元)			15 343.45	18 683.87	20 450.55	23 802.15
	机 械 费 (元)			7 321.80	7 321.80	7 321.80	7 321.80
名 称		单位	单价(元)	消 耗 量			
人工	二类人工	工日	135.00	71.020	71.020	71.020	71.020
材料	光源 NG – 100W	只	43.00	120.000	—	—	—
	光源 NG – 150W	只	45.80	—	120.000	—	—
	光源 NG – 250W	只	49.60	—	—	120.000	—
	光源 NG – 400W	只	59.70	—	—	—	120.000
	镇流器 NG – 100W	只	71.00	20.000	—	—	—
	镇流器 NG – 150W	只	91.22	—	20.000	—	—
	镇流器 NG – 250W	只	129.00	—	—	20.000	—
	镇流器 NG – 400W	只	192.00	—	—	—	20.000
	触发器(通用型)	只	24.00	40.000	40.000	40.000	40.000
	电容器 12μF	只	10.00	20.000	—	—	—
	电容器 18μF	只	25.00	—	20.000	—	—
	电容器 32μF	只	25.00	—	—	20.000	—
	电容器 50μF	只	36.00	—	—	—	20.000
	灯具 100W 铝拉伸	只	550.00	10.000	—	—	—
	灯具 150W 铝拉伸	只	765.00	—	10.000	—	—
	灯具 250W 铝拉伸	只	810.00	—	—	10.000	—
	灯具 400W 铝拉伸	只	860.00	—	—	—	10.000
	瓷灯头	只	5.50	10.000	10.000	—	—
	瓷灯头 E40	只	6.00	—	—	10.000	10.000
	路灯号牌(自粘型)	块	10.00	20.000	20.000	20.000	20.000
	线缆联接装置 三项四线制	套	57.00	5.000	5.000	5.000	5.000
	护套线 BVV – 2×2.5	m	3.33	150.000	150.000	150.000	150.000
	熔断器(户外型)	只	9.50	20.000	20.000	20.000	20.000
	其他材料费	元	1.00	873.950	1 023.970	1 124.050	1 283.650
机械	高空作业车 13m	台班	326.00	19.200	19.200	19.200	19.200
	小型工程车	台班	322.00	3.300	3.300	3.300	3.300

14.13m 以下双挑灯(LED)

工作内容:更换失效的 LED、驱动电源、断路器、灯具等,灯杆油漆、灯具清洁、测接地电阻和
灯况巡视。

计量单位:100 基

定 额 编 号				7-109	7-110	7-111	7-112
项 目				光源规格			
				LED 光源 120W	LED 光源 160W	LED 光源 180W	LED 光源 220W
基 价 (元)				**38 092.98**	**40 061.73**	**41 557.98**	**46 912.98**
其中	人 工 费 (元)			9 884.70	9 884.70	9 884.70	9 884.70
	材 料 费 (元)			22 523.00	24 491.75	25 988.00	31 343.00
	机 械 费 (元)			5 685.28	5 685.28	5 685.28	5 685.28
名 称		单位	单价(元)	消 耗 量			
人工	二类人工	工日	135.00	73.220	73.220	73.220	73.220
材料	LED 光源 120W	只	210.00	25.000	—	—	—
	LED 光源 160W	只	245.00	—	25.000	—	—
	LED 光源 180W	只	262.00	—	—	25.000	—
	LED 光源 220W	只	350.00	—	—	—	25.000
	驱动电源 120W	只	195.00	40.000	—	—	—
	驱动电源 160W	只	220.00	—	40.000	—	—
	驱动电源 180W	只	240.00	—	—	40.000	—
	驱动电源 220W	只	280.00	—	—	—	40.000
	灯具 LED 120W	只	705.00	10.000	—	—	—
	灯具 LED 160W	只	705.00	—	10.000	—	—
	灯具 LED 180W	只	725.00	—	—	10.000	—
	灯具 LED 220W	只	855.00	—	—	—	10.000
	路灯号牌(自粘型)	块	10.00	20.000	20.000	20.000	20.000
	线缆联接装置 三项四线制	套	57.00	5.000	5.000	5.000	5.000
	护套线 BVV - 2×2.5	m	3.33	160.000	160.000	160.000	160.000
	熔断器(户外型)	只	9.50	20.000	20.000	20.000	20.000
	其他材料费	元	1.00	1 215.200	1 308.950	1 380.200	1 635.200
机械	高空作业车 13m	台班	326.00	14.180	14.180	14.180	14.180
	小型工程车	台班	322.00	3.300	3.300	3.300	3.300

15.15m 以下单挑灯(钠灯)

工作内容:更换失效的灯泡、镇流器、触发器、断路器、瓷灯头、灯具等,灯杆油漆、灯具清洁、
测接地电阻和灯况巡视。

计量单位:100 基

定　额　编　号				7-113	7-114	7-115	7-116
项　　目				光源规格			
				NG－150	NG－250	NG－400	NG－600
基　价　(元)				**26 458.83**	**27 342.92**	**29 018.72**	**44 636.42**
其中	人　工　费　(元)			8 588.70	8 588.70	8 588.70	8 588.70
	材　料　费　(元)			9 726.61	10 610.70	12 286.50	27 904.20
	机　械　费　(元)			8 143.52	8 143.52	8 143.52	8 143.52
名　称		单位	单价(元)	消　耗　量			
人工	二类人工	工日	135.00	63.620	63.620	63.620	63.620
材料	光源 NG－150W	只	45.80	60.000	—	—	—
	光源 NG－250W	只	49.60	—	60.000	—	—
	光源 NG－400W	只	59.70	—	—	60.000	—
	光源 NG－600W	只	279.50	—	—	—	60.000
	镇流器 NG－150W	只	91.22	10.000	—	—	—
	镇流器 NG－250W	只	129.00	—	10.000	—	—
	镇流器 NG－400W	只	192.00	—	—	10.000	—
	镇流器 NG－600W	只	280.00	—	—	—	10.000
	触发器(通用型)	只	24.00	20.000	20.000	20.000	—
	触发器－600	只	41.80	—	—	—	20.000
	电容器 18μF	只	25.00	10.000	—	—	—
	电容器 32μF	只	25.00	—	10.000	—	—
	电容器 50μF	只	36.00	—	—	10.000	10.000
	灯具 150W 铝拉伸	只	765.00	5.000	—	—	—
	灯具 250W 铝拉伸	只	810.00	—	5.000	—	—
	灯具 400W 铝拉伸	只	860.00	—	—	5.000	—
	灯具 600W 铝拉伸	只	950.00	—	—	—	5.000
	瓷灯头	只	5.50	5.000	—	—	—
	瓷灯头 E40	只	6.00	—	5.000	5.000	5.000
	路灯号牌(自粘型)	块	10.00	20.000	20.000	20.000	20.000
	线缆联接装置 三项四线制	套	57.00	5.000	5.000	5.000	5.000
	护套线 BVV－2×2.5	m	3.33	90.000	90.000	90.000	90.000
	熔断器(户外型)	只	9.50	10.000	10.000	10.000	10.000
	其他材料费	元	1.00	604.210	655.000	734.800	1 478.500
机械	高空作业车 14m	台班	484.00	14.630	14.630	14.630	14.630
	小型工程车	台班	322.00	3.300	3.300	3.300	3.300

16.15m 以下单挑灯(LED)

工作内容:更换失效的 LED、驱动电源、断路器、灯具等,灯杆油漆、灯具清洁、测接地电阻和
灯况巡视。

计量单位:100 基

定　额　编　号			7-117	7-118	7-119	7-120
项　　　　目			光源规格			
			LED 光源 120W	LED 光源 160W	LED 光源 180W	LED 光源 220W
基　　价　　(元)			**25 759.37**	**26 743.75**	**27 491.87**	**30 169.37**
其中	人　工　费　(元)		7 221.15	7 221.15	7 221.15	7 221.15
	材　料　费　(元)		11 628.90	12 613.28	13 361.40	16 038.90
	机　械　费　(元)		6 909.32	6 909.32	6 909.32	6 909.32
名　　　称	单位	单价(元)	消　耗　量			
人工 二类人工	工日	135.00	53.490	53.490	53.490	53.490
材料 LED 光源 120W	只	210.00	12.500	—	—	—
LED 光源 160W	只	245.00	—	12.500	—	—
LED 光源 180W	只	262.00	—	—	12.500	—
LED 光源 220W	只	350.00	—	—	—	12.500
驱动电源 120W	只	195.00	20.000	—	—	—
驱动电源 160W	只	220.00	—	20.000	—	—
驱动电源 180W	只	240.00	—	—	20.000	—
驱动电源 220W	只	280.00	—	—	—	20.000
灯具 LED 120W	只	705.00	5.000	—	—	—
灯具 LED 160W	只	705.00	—	5.000	—	—
灯具 LED 180W	只	725.00	—	—	5.000	—
灯具 LED 220W	只	855.00	—	—	—	5.000
路灯号牌(自粘型)	块	10.00	20.000	20.000	20.000	20.000
线缆联接装置 三项四线制	套	57.00	5.000	5.000	5.000	5.000
护套线 BVV-2×2.5	m	3.33	90.000	90.000	90.000	90.000
熔断器(户外型)	只	9.50	10.000	10.000	10.000	10.000
其他材料费	元	1.00	699.200	746.080	781.700	909.200
机械 高空作业车 14m	台班	484.00	12.080	12.080	12.080	12.080
小型工程车	台班	322.00	3.300	3.300	3.300	3.300

17.15m 以下双挑灯(钠灯)

工作内容:更换失效的灯泡、镇流器、触发器、断路器、瓷灯头、灯具等,灯杆油漆、灯具清洁、
测接地电阻和灯况巡视。

计量单位:100基

定 额 编 号				7-121	7-122	7-123	7-124
项 目				光源规格			
				NG－150	NG－250	NG－400	NG－600
基 价 (元)				39 436.57	41 205.47	44 557.07	75 792.47
其中	人 工 费 (元)			10 183.05	10 183.05	10 183.05	10 183.05
	材 料 费 (元)			18 786.80	20 555.70	23 907.30	55 142.70
	机 械 费 (元)			10 466.72	10 466.72	10 466.72	10 466.72
名 称		单位	单价(元)	消 耗 量			
人工	二类人工	工日	135.00	75.430	75.430	75.430	75.430
材料	光源 NG－150W	只	45.80	120.000	—	—	—
	光源 NG－250W	只	49.60	—	120.000	—	—
	光源 NG－400W	只	59.70	—	—	120.000	—
	光源 NG－600W	只	279.50	—	—	—	120.000
	镇流器 NG－150W	只	91.22	20.000	—	—	—
	镇流器 NG－250W	只	129.00	—	20.000	—	—
	镇流器 NG－400W	只	192.00	—	—	20.000	—
	镇流器 NG－600W	只	280.00	—	—	—	20.000
	触发器(通用型)	只	24.00	40.000	40.000	40.000	—
	触发器－600	只	41.80	—	—	—	40.000
	电容器 18μF	只	25.00	20.000	—	—	—
	电容器 32μF	只	25.00	—	20.000	—	—
	电容器 50μF	只	36.00	—	—	20.000	20.000
	灯具 150W 铝拉伸	只	765.00	10.000	—	—	—
	灯具 250W 铝拉伸	只	810.00	—	10.000	—	—
	灯具 400W 铝拉伸	只	860.00	—	—	10.000	—
	灯具 600W 铝拉伸	只	950.00	—	—	—	10.000
	瓷灯头	只	5.50	10.000	—	—	—
	瓷灯头 E40	只	6.00	—	10.000	10.000	10.000
	路灯号牌(自粘型)	块	10.00	20.000	20.000	20.000	20.000
	线缆联接装置 三项四线制	套	57.00	5.000	5.000	5.000	5.000
	护套线 BVV－2×2.5	m	3.33	180.000	180.000	180.000	180.000
	熔断器(户外型)	只	9.50	20.000	20.000	20.000	20.000
	其他材料费	元	1.00	1 027.000	1 129.300	1 288.900	2 776.300
机械	高空作业车 14m	台班	484.00	19.430	19.430	19.430	19.430
	小型工程车	台班	322.00	3.300	3.300	3.300	3.300

18.15m 以下双挑灯(LED)

工作内容:更换失效的 LED、驱动电源、断路器、灯具等,灯杆油漆、灯具清洁、测接地电阻和灯况巡视。

计量单位:100 基

定 额 编 号				7-125	7-126	7-127	7-128
项　　　目				光源规格			
				LED 光源 120W	LED 光源 160W	LED 光源 180W	LED 光源 220W
基　　价　(元)				**39 522.02**	**41 490.77**	**42 987.02**	**48 342.02**
其中	人　工　费　(元)			8 931.60	8 931.60	8 931.60	8 931.60
	材　料　费　(元)			22 592.10	24 560.85	26 057.10	31 412.10
	机　械　费　(元)			7 998.32	7 998.32	7 998.32	7 998.32
	名　　称	单位	单价(元)	消　耗　量			
人工	二类人工	工日	135.00	66.160	66.160	66.160	66.160
材料	LED 光源 120W	只	210.00	25.000	—	—	—
	LED 光源 160W	只	245.00	—	25.000	—	—
	LED 光源 180W	只	262.00	—	—	25.000	—
	LED 光源 220W	只	350.00	—	—	—	25.000
	驱动电源 120W	只	195.00	40.000	—	—	—
	驱动电源 160W	只	220.00	—	40.000	—	—
	驱动电源 180W	只	240.00	—	—	40.000	—
	驱动电源 220W	只	280.00	—	—	—	40.000
	灯具 LED 120W	只	705.00	10.000	—	—	—
	灯具 LED 160W	只	705.00	—	10.000	—	—
	灯具 LED 180W	只	725.00	—	—	10.000	—
	灯具 LED 220W	只	855.00	—	—	—	10.000
	路灯号牌(自粘型)	块	10.00	20.000	20.000	20.000	20.000
	线缆联接装置 三项四线制	套	57.00	5.000	5.000	5.000	5.000
	护套线 BVV-2×2.5	m	3.33	180.000	180.000	180.000	180.000
	熔断器(户外型)	只	9.50	20.000	20.000	20.000	20.000
	其他材料费	元	1.00	1 217.700	1 311.450	1 382.700	1 637.700
机械	高空作业车 14m	台班	484.00	14.330	14.330	14.330	14.330
	小型工程车	台班	322.00	3.300	3.300	3.300	3.300

七、庭 院 照 明

1. 庭院柱灯(18W 节能灯)

工作内容:更换失效的灯泡、熔断器、瓷灯头、灯具,灯杆油漆、灯具清洁、测接地电阻和灯况巡视。　　**计量单位:**100 基

	定　额　编　号			7-129	7-130	7-131	7-132	7-133
	项　　　目			灯泡数量(火)				
				1	2	3	4	5
	基　价　(元)			**30 704.60**	**44 678.74**	**57 300.18**	**72 624.32**	**86 592.50**
其	人　工　费　(元)			9 339.30	11 685.60	12 679.20	16 375.50	18 719.10
中	材　料　费　(元)			10 080.00	19 494.30	28 908.60	38 322.90	47 737.20
	机　械　费　(元)			11 285.30	13 498.84	15 712.38	17 925.92	20 136.20
	名　　　称	单位	单价(元)	消　耗　量				
人工	二类人工	工日	135.00	69.180	86.560	93.920	121.300	138.660
材料	熔断器	个	9.50	10.000	20.000	30.000	40.000	50.000
	18W 节能灯	只	37.00	200.000	400.000	600.000	800.000	1 000.000
	线缆联接装置 三项四线制	套	57.00	5.000	5.000	5.000	5.000	5.000
	瓷灯头	只	5.50	5.000	10.000	15.000	20.000	25.000
	灯具	只	260.00	5.000	10.000	15.000	20.000	25.000
	护套线 BVV－2×2.5	m	3.33	35.000	70.000	105.000	140.000	175.000
	路灯号牌	个	10.00	20.000	20.000	20.000	20.000	20.000
	其他材料费	元	1.00	655.950	1 131.200	1 606.450	2 081.700	2 556.950
机械	高空作业车 13m	台班	326.00	16.610	23.400	30.190	36.980	43.760
	载货汽车 4t	台班	369.21	15.900	15.900	15.900	15.900	15.900

2. 庭院柱灯（100W 钠灯）

工作内容:更换失效的灯泡、熔断器、瓷灯头、灯具,灯杆油漆、灯具清洁、测接地电阻和灯况巡视。 **计量单位:**100 基

定　额　编　号			7-134	7-135	7-136	7-137	7-138
项　　目			灯泡数量（火）				
			1	2	3	4	5
基　　价　（元）			24 264.30	33 145.44	40 676.58	49 557.72	57 085.60
其中	人　工　费　（元）		7 497.90	9 350.10	9 852.30	11 704.50	12 206.70
	材　料　费　（元）		6 263.50	11 861.30	17 459.10	23 056.90	28 654.70
	机　械　费　（元）		10 502.90	11 934.04	13 365.18	14 796.32	16 224.20
名　　称	单位	单价（元）	消　耗　量				
人工	二类人工	工日	135.00	55.540	69.260	72.980	86.700	90.420
材料	触发器	套	20.00	20.000	40.000	60.000	80.000	100.000
	熔断器	个	9.50	10.000	20.000	30.000	40.000	50.000
	高(低)压钠灯泡(100W)	个	43.00	60.000	120.000	180.000	240.000	300.000
	镇流器 NG－100W	只	71.00	10.000	20.000	30.000	40.000	50.000
	线缆联接装置 三项四线制	套	57.00	5.000	5.000	5.000	5.000	5.000
	电容器 12μF	只	10.00	10.000	20.000	30.000	40.000	50.000
	瓷灯头	只	5.50	5.000	10.000	15.000	20.000	25.000
	灯具	只	260.00	5.000	10.000	15.000	20.000	25.000
	护套线 BVV－2×2.5	m	3.33	35.000	70.000	105.000	140.000	175.000
	路灯号牌	个	10.00	20.000	20.000	20.000	20.000	20.000
	其他材料费	元	1.00	449.450	718.200	986.950	1 255.700	1 524.450
机械	高空作业车 13m	台班	326.00	14.210	18.600	22.990	27.380	31.760
	载货汽车 4t	台班	369.21	15.900	15.900	15.900	15.900	15.900

3. 庭院柱灯(150W 钠灯)

工作内容: 更换失效的灯泡、熔断器、瓷灯头、灯具,灯杆油漆、灯具清洁、测接地电阻和灯况巡视。　　**计量单位:** 100 基

定　额　编　号				7-139	7-140	7-141	7-142	7-143
项　　　目				灯泡数量(火)				
				1	2	3	4	5
基　价　(元)				24 805.76	34 228.36	42 300.96	51 723.56	59 792.90
其中	人　工　费　(元)			7 497.90	9 350.10	9 852.30	11 704.50	12 206.70
	材　料　费　(元)			6 804.96	12 944.22	19 083.48	25 222.74	31 362.00
	机　械　费　(元)			10 502.90	11 934.04	13 365.18	14 796.32	16 224.20
名　　称		单位	单价(元)	消　耗　量				
人工	二类人工	工日	135.00	55.540	69.260	72.980	86.700	90.420
材料	触发器	套	20.00	20.000	40.000	60.000	80.000	100.000
	熔断器	个	9.50	10.000	20.000	30.000	40.000	50.000
	高(低)压钠灯泡(150W)	个	45.80	60.000	120.000	180.000	240.000	300.000
	镇流器 NG-150W	只	91.22	10.000	20.000	30.000	40.000	50.000
	线缆联接装置 三项四线制	套	57.00	5.000	5.000	5.000	5.000	5.000
	电容器 18μF	只	25.00	10.000	20.000	30.000	40.000	50.000
	瓷灯头	只	5.50	5.000	10.000	15.000	20.000	25.000
	灯具	只	260.00	5.000	10.000	15.000	20.000	25.000
	护套线 BVV-2×2.5	m	3.33	35.000	70.000	105.000	140.000	175.000
	路灯号牌	个	10.00	20.000	20.000	20.000	20.000	20.000
	其他材料费	元	1.00	470.710	760.720	1 050.730	1 340.740	1 630.750
机械	高空作业车 13m	台班	326.00	14.210	18.600	22.990	27.380	31.760
	载货汽车 4t	台班	369.21	15.900	15.900	15.900	15.900	15.900

4. 庭院柱灯(LED 8W)

工作内容：更换失效的灯泡、熔断器、灯具,灯杆油漆、灯具清洁、测接地电阻和灯况巡视。　　　　　　计量单位:100基

定　额　编　号			7-144	7-145	7-146	7-147	7-148
项　　　　目			灯泡数量(火)				
			1	2	3	4	5
基　　价　（元）			20 980.73	25 230.99	29 478.56	33 728.82	39 323.13
其中	人　工　费　（元）		7 614.00	8 235.00	8 853.30	9 474.30	11 442.60
	材　料　费　（元）		3 695.13	6 724.55	9 753.98	12 783.40	15 812.83
	机　械　费　（元）		9 671.60	10 271.44	10 871.28	11 471.12	12 067.70
名　称	单位	单价(元)	消　耗　量				
人工 二类人工	工日	135.00	56.400	61.000	65.580	70.180	84.760
材 熔断器	个	9.50	10.000	20.000	30.000	40.000	50.000
LED 光源 8W	只	30.00	12.500	25.000	37.500	50.000	62.500
驱动电源 LED 8W	只	50.00	20.000	40.000	60.000	80.000	100.000
线缆联接装置 三项四线制	套	57.00	5.000	5.000	5.000	5.000	5.000
灯具	只	260.00	5.000	10.000	15.000	20.000	25.000
护套线 BVV－2×2.5	m	3.33	35.000	70.000	105.000	140.000	175.000
路灯号牌	个	10.00	20.000	20.000	20.000	20.000	20.000
料 其他材料费	元	1.00	323.580	466.450	609.330	752.200	895.080
机 高空作业车 13m	台班	326.00	11.660	13.500	15.340	17.180	19.010
械 载货汽车 4t	台班	369.21	15.900	15.900	15.900	15.900	15.900

5. 庭院柱灯(LED 20W)

工作内容:更换失效的灯泡、熔断器、灯具,灯杆油漆、灯具清洁、测接地电阻和灯况巡视。　　　　　　**计量单位:**100 基

定　额　编　号			7-149	7-150	7-151	7-152	7-153
项　　目			灯泡数量(火)				
			1	2	3	4	5
基　　价　(元)			22 083.23	27 435.99	32 786.06	38 138.82	44 835.63
其中	人　工　费　(元)		7 614.00	8 235.00	8 853.30	9 474.30	11 442.60
	材　料　费　(元)		4 797.63	8 929.55	13 061.48	17 193.40	21 325.33
	机　械　费　(元)		9 671.60	10 271.44	10 871.28	11 471.12	12 067.70
名　　称	单位	单价(元)	消　耗　量				
人工　二类人工	工日	135.00	56.400	61.000	65.580	70.180	84.760
材料　熔断器	个	9.50	10.000	20.000	30.000	40.000	50.000
LED 光源 20W	只	50.00	12.500	25.000	37.500	50.000	62.500
驱动电源 LED 20W	只	90.00	20.000	40.000	60.000	80.000	100.000
线缆联接装置 三项四线制	套	57.00	5.000	5.000	5.000	5.000	5.000
灯具	只	260.00	5.000	10.000	15.000	20.000	25.000
护套线 BVV－2×2.5	m	3.33	35.000	70.000	105.000	140.000	175.000
路灯号牌	个	10.00	20.000	20.000	20.000	20.000	20.000
料　其他材料费	元	1.00	376.080	571.450	766.830	962.200	1 157.580
机械　高空作业车 13m	台班	326.00	11.660	13.500	15.340	17.180	19.010
载货汽车 4t	台班	369.21	15.900	15.900	15.900	15.900	15.900

6. 庭院柱灯(LED 球泡灯 9W)

工作内容:更换失效的灯泡、熔断器、灯具,灯杆油漆、灯具清洁、测接地电阻和灯况巡视。　　　　　　　　　计量单位:100 基

定 额 编 号			7-154	7-155	7-156	7-157	7-158
项 目			灯泡数量(火)				
			1	2	3	4	5
基 价 (元)			22 778.46	28 823.19	34 865.23	40 913.22	48 305.26
其中	人 工 费 (元)		7 614.00	8 235.00	8 853.30	9 474.30	11 442.60
	材 料 费 (元)		4 928.88	9 192.05	13 455.23	17 718.40	21 981.58
	机 械 费 (元)		10 235.58	11 396.14	12 556.70	13 720.52	14 881.08
名 称	单位	单价(元)	消 耗 量				
人工 二类人工	工日	135.00	56.400	61.000	65.580	70.180	84.760
材 熔断器	个	9.50	10.000	20.000	30.000	40.000	50.000
LED 球泡灯 9W(驱动一体)	只	25.50	100.000	200.000	300.000	400.000	500.000
线缆联接装置 三项四线制	套	57.00	5.000	5.000	5.000	5.000	5.000
灯具	只	260.00	5.000	10.000	15.000	20.000	25.000
护套线 BVV-2×2.5	m	3.33	35.000	70.000	105.000	140.000	175.000
路灯号牌	个	10.00	20.000	20.000	20.000	20.000	20.000
料 其他材料费	元	1.00	382.330	583.950	785.580	987.200	1 188.830
机 高空作业车 13m	台班	326.00	13.390	16.950	20.510	24.080	27.640
械 载货汽车 4t	台班	369.21	15.900	15.900	15.900	15.900	15.900

八、景 观 照 明

1. 安装于高架(桥梁)部位的灯具

工作内容: 日常巡查维护(含接地、绝缘等安全方面的检测)及灯具清洁、更换失效的灯具、更换驱动电源及控制器、灌胶防水处理、更换电缆及电缆头制安、更换或维修信号控制器(含主控器和分控器)、更换控制信号线缆、巡查及维修过程中的安全维护及其他安全文明施工措施、巡查及维修车辆台班。

计量单位:盏

定 额 编 号				7-159	7-160	7-161	7-162	7-163	7-164
项 目				灯具规格					
				LED 线型灯 10W	LED 投光灯 18W	LED 壁灯 20W	LED 点光源 3W	非 LED 投光灯 70W 金卤灯	非 LED 线型灯 28W
基 价 (元)				**115.30**	**123.30**	**120.30**	**112.30**	**101.59**	**90.59**
其 中	人 工 费 (元)			26.50	26.50	26.50	26.50	22.50	22.50
	材 料 费 (元)			57.73	65.73	62.73	54.73	48.02	37.02
	机 械 费 (元)			31.07	31.07	31.07	31.07	31.07	31.07
名 称		单位	单价(元)	消 耗 量					
人 工	一类人工	工日	125.00	0.212	0.212	0.212	0.212	0.18	0.18
材 料	灯具外壳(高架投光灯)	套	250.00	0.100	0.100	0.100	0.100	0.100	0.100
	LED 线型灯 10W	盏	100.00	0.100	—	—	—	—	—
	LED 投光灯 18W	盏	180.00	—	0.100	—	—	—	—
	LED 壁灯 15W	盏	150.00	—	—	0.100	—	—	—
	LED 点光源 3W	盏	70.00	—	—	—	0.100	—	—
	非 LED 投光灯 70W 金卤灯	盏	400.00	—	—	—	—	0.050	—
	非 LED 线型灯 28W	盏	180.00	—	—	—	—	—	0.050
	控制器	套	600.00	0.020	0.020	0.020	0.020		
	驱动电源 24V 250W	套	270.00	0.020	0.020	0.020	0.020		
	接线铜端子头	个	0.86	1.010	1.010	1.010	1.010	1.010	1.010
	绝缘胶布 20m/卷	卷	7.76	0.075	0.075	0.075	0.075	0.075	0.075
	铜芯聚氯乙烯护套屏蔽软线 RVVP 2×1.0	m	1.92	1.200	1.200	1.200	1.200	—	—
	清洁布 250×250	块	2.84	0.016	0.016	0.016	0.016	0.016	0.016
	水	m³	4.27	0.001	0.001	0.001	0.001	0.001	0.001
	毛刷	把	2.16	0.010	0.010	0.010	0.010	0.010	0.010
	其他材料费	元	1.00	1.500	1.500	1.500	1.500	1.500	1.500
机 械	高空作业车 13m	台班	326.00	0.053	0.053	0.053	0.053	0.053	0.053
	载货汽车 1.5t	台班	216.00	0.053	0.053	0.053	0.053	0.053	0.053
	接地电阻测试仪 0.001Ω～299.9kΩ	台班	58.71	0.040	0.040	0.040	0.040	0.040	0.040

2.安装于建筑楼宇的灯具

工作内容:日常巡查维护(含接地、绝缘等安全方面的检测)及灯具清洁、更换失效的灯具、更换驱动电源及控制器、灌胶防水处理、更换电缆及电缆头制安、更换或维修信号控制器(含主控器和分控器)、更换控制信号线缆、巡查及维修过程中的安全维护及其他安全文明施工措施、巡查及维修车辆台班。

计量单位:盏

定　额　编　号			7-165	7-166	7-167	7-168	7-169	7-170
项　目			灯具规格					
			LED线型灯10W	LED投光灯18W	LED壁灯20W	LED点光源3W	非LED投光灯70W金卤灯	非LED线型灯28W
基　价　(元)			**102.05**	**110.05**	**107.05**	**99.05**	**82.59**	**71.59**
其中	人　工　费　(元)		32.25	32.25	32.25	32.25	22.50	22.50
	材　料　费　(元)		38.73	46.73	43.73	35.73	29.02	18.02
	机　械　费　(元)		31.07	31.07	31.07	31.07	31.07	31.07
名　称	单位	单价(元)	消　耗　量					
人工 一类人工	工日	125.00	0.258	0.258	0.258	0.258	0.18	0.18
材料 灯具外壳	套	60.00	0.100	0.100	0.100	0.100	0.100	0.100
LED线型灯10W	盏	100.00	0.100	—	—	—	—	—
LED投光灯18W	盏	180.00	—	0.100	—	—	—	—
LED壁灯15W	盏	150.00	—	—	0.100	—	—	—
LED点光源3W	盏	70.00	—	—	—	0.100	—	—
非LED投光灯70W金卤灯	盏	400.00	—	—	—	—	0.050	—
非LED线型灯28W	盏	180.00	—	—	—	—	—	0.050
控制器	套	600.00	0.020	0.020	0.020	0.020		
驱动电源24V 250W	套	270.00	0.020	0.020	0.020	0.020		
接线铜端子头	个	0.86	1.010	1.010	1.010	1.010	1.010	1.010
绝缘胶布20m/卷	卷	7.76	0.075	0.075	0.075	0.075	0.075	0.075
铜芯聚氯乙烯护套屏蔽软线 RVVP 2×1.0	m	1.92	1.200	1.200	1.200	1.200	—	—
清洁布250×250	块	2.84	0.016	0.016	0.016	0.016	0.016	0.016
水	m³	4.27	0.001	0.001	0.001	0.001	0.001	0.001
毛刷	把	2.16	0.010	0.010	0.010	0.010	0.010	0.010
其他材料费	元	1.00	1.500	1.500	1.500	1.500	1.500	1.500
机械 高空作业车13m	台班	326.00	0.053	0.053	0.053	0.053	0.053	0.053
载货汽车1.5t	台班	216.00	0.053	0.053	0.053	0.053	0.053	0.053
接地电阻测试仪0.001Ω~299.9kΩ	台班	58.71	0.040	0.040	0.040	0.040	0.040	0.040

3. 安装于公园/道路的灯具

工作内容:日常巡查维护(含接地、绝缘等安全方面的检测)及灯具清洁、更换失效的灯具、更换
驱动电源及控制器、灌胶防水处理、更换电缆及电缆头制安、更换或维修信号控制器
(含主控器和分控器)、更换控制信号线缆、巡查及维修过程中的安全维护及其他安
全文明施工措施、巡查及维修车辆台班。

计量单位:盏

定 额 编 号			7-171	7-172	7-173	7-174	7-175	7-176
项 目			灯具规格					
			LED 线型灯 10W	LED 投光灯 18W	LED 埋地灯 20W	LED 草坪灯 20W	非 LED 投光灯 70W 金卤灯	非 LED 埋地灯 70W 金卤灯
基 价 (元)			**75.91**	**83.91**	**85.91**	**94.78**	**66.20**	**55.20**
其中	人 工 费 (元)		23.38	23.38	23.38	32.25	23.38	23.38
	材 料 费 (元)		38.73	46.73	48.73	48.73	29.02	18.02
	机 械 费 (元)		13.80	13.80	13.80	13.80	13.80	13.80
名 称	单位	单价(元)	消 耗 量					
人工 一类人工	工日	125.00	0.187	0.187	0.187	0.258	0.187	0.187
材料 灯具外壳	套	60.00	0.100	0.100	0.100	0.100	0.100	0.100
LED 线型灯 10W	盏	100.00	0.100	—	—	—	—	—
LED 投光灯 18W	盏	180.00	—	0.100	—	—	—	—
LED 草坪灯 20W	盏	200.00	—	—	0.100	—	—	—
LED 庭院灯 20W	盏	200.00	—	—	—	0.100	—	—
非 LED 投光灯 70W 金卤灯	盏	400.00	—	—	—	—	0.050	—
非 LED 埋地灯 70W 金卤灯	盏	180.00	—	—	—	—	—	0.050
控制器	套	600.00	0.020	0.020	0.020	0.020		
驱动电源 24V 250W	套	270.00	0.020	0.020	0.020	0.020		
接线铜端子头	个	0.86	1.010	1.010	1.010	1.010	1.010	1.010
绝缘胶布 20m/卷	卷	7.76	0.075	0.075	0.075	0.075	0.075	0.075
铜芯聚氯乙烯护套屏蔽软线 RVVP 2×1.0	m	1.92	1.200	1.200	1.200	1.200		
清洁布 250×250	块	2.84	0.016	0.016	0.016	0.016	0.016	0.016
水	m³	4.27	0.001	0.001	0.001	0.001	0.001	0.001
毛刷	把	2.16	0.010	0.010	0.010	0.010	0.010	0.010
其他材料费	元	1.00	1.500	1.500	1.500	1.500	1.500	1.500
机械 载货汽车 1.5t	台班	216.00	0.053	0.053	0.053	0.053	0.053	0.053
接地电阻测试仪 0.001Ω～299.9kΩ	台班	58.71	0.040	0.040	0.040	0.040	0.040	0.040

4. 安装于河道/驳坎的灯具

工作内容: 日常巡查维护(含接地、绝缘等安全方面的检测)及灯具清洁、更换失效的灯具、更换驱动电源及控制器、灌胶防水处理、更换电缆及电缆头制安、更换或维修信号控制器(含主控器和分控器)、更换控制信号线缆、巡查及维修过程中的安全维护及其他安全文明施工措施、巡查及维修车辆台班。

计量单位:盏

定 额 编 号				7-177	7-178	7-179	7-180	7-181	7-182
项 目				灯具规格					
				LED线型灯10W	LED投光灯18W	LED壁灯20W	LED点光源3W	非LED投光灯70W金卤灯	非LED线型灯28W
基 价 (元)				**75.91**	**83.91**	**80.91**	**81.78**	**66.20**	**55.20**
其中	人 工 费 (元)			23.38	23.38	23.38	32.25	23.38	23.38
	材 料 费 (元)			38.73	46.73	43.73	35.73	29.02	18.02
	机 械 费 (元)			13.80	13.80	13.80	13.80	13.80	13.80
名 称		单位	单价(元)	消 耗 量					
人工	一类人工	工日	125.00	0.187	0.187	0.187	0.258	0.187	0.187
材料	灯具外壳	套	60.00	0.100	0.100	0.100	0.100	0.100	0.100
	LED 线型灯 10W	盏	100.00	0.100	—	—	—	—	—
	LED 投光灯 18W	盏	180.00	—	0.100	—	—	—	—
	LED 壁灯 15W	盏	150.00	—	—	0.100	—	—	—
	LED 点光源 3W	盏	70.00	—	—	—	0.100	—	—
	非 LED 投光灯 70W 金卤灯	盏	400.00	—	—	—	—	0.050	—
	非 LED 线型灯 28W	盏	180.00	—	—	—	—	—	0.050
	控制器	套	600.00	0.020	0.020	0.020	0.020	—	—
	驱动电源 24V 250W	套	270.00	0.020	0.020	0.020	0.020	—	—
	接线铜端子头	个	0.86	1.010	1.010	1.010	1.010	1.010	1.010
	绝缘胶布 20m/卷	卷	7.76	0.075	0.075	0.075	0.075	0.075	0.075
	铜芯聚氯乙烯护套屏蔽软线 RVVP 2×1.0	m	1.92	1.200	1.200	1.200	1.200	—	—
	清洁布 250×250	块	2.84	0.016	0.016	0.016	0.016	0.016	0.016
	水	m³	4.27	0.001	0.001	0.001	0.001	0.001	0.001
	毛刷	把	2.16	0.010	0.010	0.010	0.010	0.010	0.010
	其他材料费	元	1.00	1.500	1.500	1.500	1.500	1.500	1.500
机械	载货汽车 1.5t	台班	216.00	0.053	0.053	0.053	0.053	0.053	0.053
	接地电阻测试仪 0.001Ω～299.9kΩ	台班	58.71	0.040	0.040	0.040	0.040	0.040	0.040

5. 安装于水下的灯具

工作内容: 日常巡查维护(含接地、绝缘等安全方面的检测)及灯具清洁、更换失效的灯具、更换
驱动电源及控制器、灌胶防水处理、更换电缆及电缆头制安、更换或维修信号控制器
(含主控器和分控器)、更换控制信号线缆、巡查及维修过程中的安全维护及其他安
全文明施工措施、巡查及维修车辆台班。

计量单位:盏

定 额 编 号				7-183	7-184	7-185	7-186	7-187	7-188
项 目				灯具规格					
				LED 线型灯 10W	LED 投光灯 18W	LED 壁灯 20W	LED 点光源 3W	非LED 投光灯 70W 金卤灯	非LED 线型灯 28W
基 价 (元)				**84.41**	**92.41**	**89.41**	**81.41**	**74.70**	**63.70**
其 中	人 工 费 (元)			31.88	31.88	31.88	31.88	31.88	31.88
	材 料 费 (元)			38.73	46.73	43.73	35.73	29.02	18.02
	机 械 费 (元)			13.80	13.80	13.80	13.80	13.80	13.80
名 称		单位	单价(元)	消 耗 量					
人工	一类人工	工日	125.00	0.255	0.255	0.255	0.255	0.255	0.255
材 料	灯具外壳	套	60.00	0.100	0.100	0.100	0.100	0.100	0.100
	LED 线型灯 10W	盏	100.00	0.100	—	—	—	—	—
	LED 投光灯 18W	盏	180.00	—	0.100	—	—	—	—
	LED 壁灯 15W	盏	150.00	—	—	0.100	—	—	—
	LED 点光源 3W	盏	70.00	—	—	—	0.100	—	—
	非 LED 投光灯 70W 金卤灯	盏	400.00	—	—	—	—	0.050	—
	非 LED 线型灯 28W	盏	180.00	—	—	—	—	—	0.050
	控制器	套	600.00	0.020	0.020	0.020	0.020		
	驱动电源 24V 250W	套	270.00	0.020	0.020	0.020	0.020		
	接线铜端子头	个	0.86	1.010	1.010	1.010	1.010	1.010	1.010
	绝缘胶布 20m/卷	卷	7.76	0.075	0.075	0.075	0.075	0.075	0.075
	铜芯聚氯乙烯护套屏蔽软线 RVVP 2×1.0	m	1.92	1.200	1.200	1.200	1.200	—	—
	清洁布 250×250	块	2.84	0.016	0.016	0.016	0.016	0.016	0.016
	水	m³	4.27	0.001	0.001	0.001	0.001	0.001	0.001
	毛刷	把	2.16	0.010	0.010	0.010	0.010	0.010	0.010
	其他材料费	元	1.00	1.500	1.500	1.500	1.500	1.500	1.500
机 械	载货汽车 1.5t	台班	216.00	0.053	0.053	0.053	0.053	0.053	0.053
	接地电阻测试仪 0.001Ω~299.9kΩ	台班	58.71	0.040	0.040	0.040	0.040	0.040	0.040

九、照 明 测 试

工作内容:巡检、测量、布点、测照度、照度均匀度、测亮度、亮度均匀度、测环境比、统计数据、
测试设备维护等。

计量单位:处

定 额 编 号				7-189	7-190
项 目				照明测试	
				照度	亮度
基 价 (元)				**511.11**	**509.14**
其中	人 工 费		(元)	270.00	270.00
	材 料 费		(元)	30.00	30.00
	机 械 费		(元)	211.11	209.14
名 称		单位	单价(元)	消 耗 量	
人工	二类人工	工日	135.00	2.000	2.000
材料	其他材料费	元	1.00	30.000	30.000
机械	光功率计(华仪 MS2205)	台班	0.32	1.000	1.000
	照度计(远方光谱彩色照度计SPIC – 200BW)	台班	3.27	1.000	—
	亮度计(新叶 XYL – Ⅲ型全数字)	台班	1.30	—	1.000
	测距仪(徕卡 D810)	台班	2.65	1.000	1.000
	便携式计算机	台班	1.33	1.000	1.000
	载货汽车 6t	台班	396.42	0.500	0.500
	仪器仪表检测校正费	台班	5.33	1.000	1.000

十、灯杆灯具清洗、油漆

工作内容:清洗灯杆灯具、修补油漆工作。

计量单位:10m²

定 额 编 号				7-191	7-192
项 目				工作内容	
				清洗灯杆灯具	油漆修补
基 价 (元)				**103.02**	**838.23**
其中	人 工 费		(元)	49.95	87.35
	材 料 费		(元)	4.17	359.68
	机 械 费		(元)	48.90	391.20
名 称		单位	单价(元)	消 耗 量	
人工	二类人工	工日	135.00	0.370	0.647
材料	金属底漆	kg	65.00	—	1.310
	金属面漆(第一遍)	kg	130.00	—	1.050
	金属面漆(第二遍)	kg	130.00	—	0.930
	其他材料费	元	1.00	4.170	17.130
机械	高空作业车 13m	台班	326.00	0.150	1.200

附　　录

附录一 市政设施养护维修率参考表

一、道路、河道、桥梁养护维修率参考表

序号	类别	项目名称		平均维修率			
				使用年限			
				1~3 年	4~10 年	11~15 年	15 年以上
一	道路	沥青混凝土路面		1%~2%	4%~8%	6%~10%	8%~12%
		水泥混凝土路面		0.5%~1%	1%~2%	2%~3%	3%~5%
		人行道		4%~10%			
		平侧石		0.5%~2%			
二	桥梁	沥青混凝土桥面		2%~3%	5%~8%	8%~10%	8%~12%
		水泥混凝土桥面		1%~2%	2%~3%	3%~4%	4%~6%
		人行道		2%~4%			
		桥梁结构维修		4%~7%			
		伸缩缝更换	型钢	0.4%~0.6%			
			鸟型橡胶止水带	6%~10%			
		栏杆	维修	7%~10%			
			油漆	30%~40%			
三	河道	驳坎、压顶维修		1%~2%			

二、排水设施养护维修率参考表

序号	项目名称		疏通(清捞)频率				
			$\phi \leqslant 300$	$300 < \phi \leqslant 600$	$600 < \phi \leqslant 1\,000$	$1\,000 < \phi \leqslant 1\,500$	$\phi > 1\,500$
一	雨水管道		4~8 次/年	3~6 次/年	2~4 次/年	1~2 次/年	0.5~1 次/年
二	污水管道		3~6 次/年	2~4 次/年	1~2 次/年	0.5~1 次/年	0.5 次/年
三	检查井	雨水检查井清捞	4~12 次/年				
		污水检查井清捞	4~12 次/年				
		井筒升降	3%~5%				
		盖板更换	5%~8%				
四	雨水口井	雨水口井清捞	6~12 次/年				
		盖板更换	5%~15%				

附录二　砂浆、混凝土强度等级配合比

说　明

一、本配合比定额是依据《普通混凝土配合比设计规程》JGJ 55 – 2011、《砌筑砂浆配合比设计规程》JGJ 98 – 2010 及《通用硅酸盐水泥》GB 175 – 2007 等有关规范,结合浙江省实际和浙江省建设工程计价依据(2010 版)中的"砂浆混凝土强度等级配合比"修订而成。

二、本定额只编列材料消耗量,配制所需的人工、机械费已包括在各章节相应定额子目中。

三、定额中的材料用量均以干硬收缩压实后的密实体积计算,并考虑了配制损耗。

四、本定额的各项配合比仅供确定工程造价时使用,不能作为实际施工用料的配合比。实际施工中各项配合比内各种材料的需用量,应根据有关规范规定及试验部门提供的配合比用量配制,其材料用量与本定额不同时,除设计有特殊规定或企业自主报价时,可按实际试验资料进行调整外,其余均不调整。

五、本定额混凝土配合比细骨料是按中、细砂各 50% 综合,粗骨料按碎石编制的。如实际全部采用细砂时,可按混凝土配合比定额中水泥用量乘以系数 1.025;如使用卵石,且混凝土的强度等级在 C15 及其以上时,按相应碎石混凝土配合比定额的水泥用量乘以系数 0.975。

六、设计要求按"内掺法"掺用膨胀剂(如 UEA)和其他制剂时,应按掺入量等量减扣相应混凝土配合比定额中的水泥用量。

七、本定额中未涉及的砂浆、混凝土强度等级配合比材料,参照《浙江省市政工程预算定额》(2018 版)。

1. 砂浆配合比

(1) 砌 筑 砂 浆

计量单位:m³

定 额 编 号			1	2	3	4
项 目			混合砂浆			
			强度等级			
			M2.5	M5.0	M7.5	M10.0
基 价（元）			**219.46**	**227.82**	**228.35**	**231.51**
名 称	单位	单价(元)	消 耗 量			
普通硅酸盐水泥 P·O 42.5 综合	kg	0.34	141.000	164.000	187.000	209.000
石灰膏	m³	270.00	0.113	0.115	0.088	0.072
黄砂 净砂	t	92.23	1.515	1.515	1.515	1.515
水	m³	4.27	0.300	0.300	0.300	0.300

计量单位:m³

定 额 编 号			5	6	7	8
项 目			水泥砂浆			
			强度等级			
			M2.5	M5.0	M7.5	M10.0
基 价（元）			**209.01**	**212.41**	**215.81**	**222.61**
名 称	单位	单价(元)	消 耗 量			
普通硅酸盐水泥 P·O 42.5 综合	kg	0.34	200.000	210.000	220.000	240.000
黄砂 净砂	t	92.23	1.515	1.515	1.515	1.515
水	m³	4.27	0.300	0.300	0.300	0.300

计量单位:m³

定 额 编 号			9	10
项　　　目			干硬水泥砂浆	
			1:2	1:3
基　价（元）			**274.55**	**244.35**
名　　称	单位	单价(元)	消　耗　量	
普通硅酸盐水泥 P·O 42.5 综合	kg	0.34	462.000	339.000
黄砂 净砂	t	92.23	1.269	1.395
水	m³	4.27	0.100	0.100

计量单位:m³

定 额 编 号			11	12	13	14	15	16
项　　　目			石灰砂浆			石灰黄泥浆		防水砂浆
			1:2	1:2.5	1:3	1:2.5	1:3	
基　价（元）			**251.34**	**249.67**	**236.24**	**131.26**	**120.86**	**359.03**
名　　称	单位	单价(元)	消　耗　量					
石灰膏	m³	270.00	0.450	0.396	0.336	0.400	0.360	—
普通硅酸盐水泥 P·O 42.5 综合	kg	0.34	—	—	—	—	—	462.000
黄砂 净砂	t	92.23	1.380	1.520	1.550	—	—	1.198
黄泥	m³	19.90	—	—	—	1.040	1.060	—
防水剂	kg	3.65	—	—	—	—	—	24.705
水	m³	4.27	0.600	0.600	0.600	0.600	0.600	0.300

(2) 抹 灰 砂 浆

计量单位:m³

定　额　编　号			17	18	19	20	21	22
项　　　目			水泥砂浆					
			1:1	1:1.5	1:2	1:2.5	1:3	1:4
基　价（元）			**294.20**	**278.48**	**268.85**	**252.49**	**238.10**	**243.43**
名　　　称	单位	单价(元)	消　耗　量					
普通硅酸盐水泥 P·O 42.5 综合	kg	0.34	638.000	534.000	462.000	393.000	339.000	295.000
黄砂 净砂	t	92.23	0.824	1.037	1.198	1.275	1.318	1.538
水	m³	4.27	0.300	0.300	0.300	0.300	0.300	0.300

计量单位:m³

定　额　编　号			23	24	25	26	27
项　　　目			混合砂浆				
			1:0.5:0.5	1:0.5:1	1:0.5:2	1:0.5:2.5	1:0.5:3
基　价（元）			**383.20**	**310.12**	**303.82**	**290.65**	**281.51**
名　　　称	单位	单价(元)	消　耗　量				
普通硅酸盐水泥 P·O 42.5 综合	kg	0.34	672.000	485.000	377.000	345.000	309.000
石灰膏	m³	270.00	0.399	0.289	0.249	0.205	0.184
黄砂 净砂	t	92.23	0.484	0.703	1.150	1.254	1.349
水	m³	4.27	0.550	0.550	0.550	0.550	0.550

计量单位：m³

定　额　编　号			28	29	30	31	32
项　　目			混合砂浆				
			1:0.5:4	1:0.5:5	1:0.3:3	1:0.3:4	1:0.2:2
基　价（元）			**265.24**	**239.80**	**277.99**	**244.22**	**287.68**
名　　称	单位	单价(元)	消　耗　量				
普通硅酸盐水泥 P·O 42.5 综合	kg	0.34	254.000	203.000	328.000	249.000	424.000
石灰膏	m³	270.00	0.151	0.121	0.118	0.089	0.101
黄砂 净砂	t	92.23	1.472	1.472	1.434	1.444	1.235
水	m³	4.27	0.550	0.550	0.550	0.550	0.550

计量单位：m³

定　额　编　号			33	34	35	36	37	38
项　　目			混合砂浆					
			1:1:1	1:1:2	1:1:4	1:1:6	1:2:1	1:3:9
基　价（元）			**313.95**	**297.56**	**276.85**	**250.72**	**317.30**	**273.89**
名　　称	单位	单价(元)	消　耗　量					
普通硅酸盐水泥 P·O 42.5 综合	kg	0.34	391.000	318.000	229.000	170.000	282.000	108.000
石灰膏	m³	270.00	0.467	0.378	0.274	0.203	0.672	0.386
黄砂 净砂	t	92.23	0.570	0.922	1.330	1.472	0.408	1.416
水	m³	4.27	0.550	0.550	0.550	0.550	0.550	0.550

计量单位:m³

定　额　编　号			39	40	41	42
项　　目			石灰砂浆			
			1:2	1:2.5	1:3	1:4
基　价（元）			**251.34**	**249.67**	**236.24**	**213.83**
名　称	单位	单价(元)	消　耗　量			
石灰膏	m³	270.00	0.450	0.396	0.336	0.253
黄砂 净砂	t	92.23	1.380	1.520	1.550	1.550
水	m³	4.27	0.600	0.600	0.600	0.600

2. 普通混凝土配合比

（1）现浇现拌混凝土

计量单位:m³

定　额　编　号			43	44	45	46	47	48
项　　目			碎石（最大粒径:16mm）					
			混凝土强度等级					
			C15	C20	C25	C30	C35	C40
基　价（元）			**290.06**	**296.00**	**308.88**	**318.67**	**331.25**	**348.06**
名　称	单位	单价(元)	消　耗　量					
普通硅酸盐水泥 P·O 42.5 综合	kg	0.34	268.000	304.000	357.000	408.000	460.000	528.000
黄砂 净砂	t	92.23	0.873	0.839	0.770	0.655	0.635	0.560
碎石 综合	t	102.00	1.152	1.121	1.133	1.163	1.131	1.137
水	m³	4.27	0.215	0.215	0.215	0.215	0.215	0.215

计量单位:m³

定 额 编 号			49	50	51
项　目			碎石(最大粒径:16mm)		
			混凝土强度等级		
			C40	C45	C50
基　价(元)			**345.30**	**357.74**	**370.09**
名　称	单位	单价(元)	消　耗　量		
普通硅酸盐水泥 P·O 52.5 综合	kg	0.39	430.000	472.000	513.000
黄砂 净砂	t	92.23	0.645	0.631	0.565
碎石 综合	t	102.00	1.149	1.123	1.147
水	m³	4.27	0.215	0.215	0.215

计量单位:m³

定 额 编 号			52	53	54	55	56	57
项　目			碎石(最大粒径:20mm)					
			混凝土强度等级					
			C15	C20	C25	C30	C35	C40
基　价(元)			**287.78**	**292.53**	**304.43**	**313.43**	**324.92**	**340.88**
名　称	单位	单价(元)	消　耗　量					
普通硅酸盐水泥 P·O 42.5 综合	kg	0.34	250.000	283.000	332.000	380.000	428.000	492.000
黄砂 净砂	t	92.23	0.891	0.854	0.767	0.670	0.653	0.578
碎石 综合	t	102.00	1.174	1.144	1.176	1.192	1.160	1.171
水	m³	4.27	0.200	0.200	0.200	0.200	0.200	0.200

计量单位:m³

定　额　编　号			58	59	60	61
项　　　目			碎石(最大粒径:20mm)			
			混凝土强度等级			
			C40	C45		C50
基　　价　（元）			**338.45**	**351.90**	**349.44**	**361.41**
名　　称	单位	单价(元)	消　耗　量			
普通硅酸盐水泥 P·O 42.5 综合	kg	0.34	—	538.000	—	—
普通硅酸盐水泥 P·O 52.5 综合	kg	0.39	401.000	—	439.000	478.000
黄砂 净砂	t	92.23	0.663	0.561	0.648	0.582
碎石 综合	t	102.00	1.177	1.141	1.153	1.181
水	m³	4.27	0.200	0.200	0.200	0.200

计量单位:m³

定　额　编　号			62	63	64	65	66	67
项　　　目			碎石(最大粒径:40mm)					
			混凝土强度等级					
			C10	C15	C20	C25	C30	C35
基　　价　（元）			**269.57**	**276.46**	**284.89**	**298.96**	**305.80**	**316.52**
名　　称	单位	单价(元)	消　耗　量					
普通硅酸盐水泥 P·O 42.5 综合	kg	0.34	162.000	202.000	246.000	300.000	341.000	385.000
黄砂 净砂	t	92.23	0.989	0.913	0.820	0.747	0.691	0.676
碎石 综合	t	102.00	1.201	1.204	1.224	1.248	1.229	1.201
水	m³	4.27	0.180	0.180	0.180	0.180	0.180	0.180

计量单位:m³

定 额 编 号			68	69	70
项 目			碎石(最大粒径:40mm)		
			混凝土强度等级		
			C40	C45	C50
基 价 (元)			**330.72**	**341.19**	**349.33**
名 称	单位	单价(元)	消 耗 量		
普通硅酸盐水泥 P·O 42.5 综合	kg	0.34	442.000	485.000	—
普通硅酸盐水泥 P·O 52.5 综合	kg	0.39	—	—	430.000
黄砂 净砂	t	92.23	0.600	0.587	0.604
碎石 综合	t	102.00	1.219	1.190	1.227
水	m³	4.27	0.180	0.180	0.180

(2)道路路面混凝土

计量单位:m³

定 额 编 号			71	72	73
项 目			碎石(最大粒径:40mm)		
			抗折强度等级(MPa)		
			4	4.5	5
基 价 (元)			**320.74**	**328.04**	**335.37**
名 称	单位	单价(元)	消 耗 量		
普通硅酸盐水泥 P·O 42.5 综合	kg	0.34	304.000	345.000	420.000
黄砂 净砂	t	92.23	0.816	0.744	0.620
碎石 综合	t	102.00	1.386	1.386	1.320
水	m³	4.27	0.175	0.175	0.175

3. 耐酸材料配合比

定 额 编 号			74	75
项　　　目			环氧打底料	环氧砂浆
			1:1:0.07:0.15	1:0.07:2:4
基　价（元）			**29 487.76**	**10 815.35**
名　　称	单位	单价(元)	消　耗　量	
环氧树脂	kg	15.52	1 171.000	337.000
呋喃树脂	kg	16.47	—	—
煤焦油	kg	0.88	—	—
乙二胺	kg	18.53	86.000	167.000
丙酮	kg	8.16	1 171.000	67.000
二甲苯	kg	6.03	—	—
石英粉 综合	kg	0.97	170.000	667.700
石英砂 综合	kg	0.97	—	1 336.300

4. 干混砂浆配合比
地 面 砂 浆

定 额 编 号			76
项　　　目			水泥基自流平砂浆
基　价（元）			**2 347.08**
名　　称	单位	单价(元)	消　耗　量
水泥基自流平砂浆	kg	1.38	1 700.000
水	m³	4.27	0.254

附录三　人工、材料(半成品)、机械台班单价取定表

序号	材料名称	型号规格	单位	单价(元)
1	一类人工	—	工日	125
2	二类人工	—	工日	135
3	钢筋	综合	kg	3.04
4	热轧带肋钢筋	HRB400 综合	t	3 849
5	钢筋	φ10 以内	kg	3.99
6	镀锌铁丝	综合	kg	5.4
7	扁钢	Q235B 综合	kg	3.96
8	六角空心钢	综合	kg	2.48
9	钢材	—	kg	3.41
10	型钢	综合	t	3836
11	型钢	综合	kg	3.84
12	不锈钢板	304 δ1.0	m²	118
13	不锈钢板	304 δ3.0	m²	355
14	黄铜板	综合	kg	50.43
15	铝材	—	kg	14.66
16	铝合金边角条	—	m	2.76
17	铁件	—	kg	3.71
18	橡胶板	δ1～15	kg	5.09
19	氟丁橡胶板	δ1.0	m²	9.7
20	橡皮密封条	20×4	m	1.78
21	鸟型橡胶止水带	YPP80	m	64
22	橡胶条	200×10	m	140
23	橡胶防滑条	—	m	7.59
24	O 型胶圈	(承插)φ200	只	2.59
25	O 型胶圈	(承插)φ300	只	3.45
26	橡胶密封圈(排水)	DN250	个	11.21
27	遇水膨胀橡胶密封圈	—	m	43.28
28	橡胶垫片	250 宽	m	1.03
29	高密度聚乙烯土工膜	δ2.0	m²	25.6
30	塑料布		m²	5.79
31	聚四氟乙烯生料带	26mm×0.1mm	m	0.43
32	塑料编织袋	—	m	1.03
33	白布		m²	5.34
34	棉纱		kg	10.34
35	破布		kg	6.9
36	清洁布	250×250	块	2.84
37	麻丝		kg	2.76
38	土工布		m²	4.31
39	草袋	—	个	3.62
40	抽芯柳钉	M4	个	0.09
41	镀锌六角螺栓带帽		kg	5.47
42	镀锌铁丝	—	kg	6.55
43	金属膨胀螺栓	—	套	0.48
44	金属膨胀螺栓	M6	套	0.19

续表

序号	材料名称	型号规格	单位	单价(元)
45	金属膨胀螺栓	M8	套	0.31
46	六角带帽螺栓	M8	套	0.44
47	螺栓带帽	—	kg	6
48	螺栓带帽	—	个	0.52
49	圆钉	—	kg	4.74
50	自攻螺钉	—	百个	2.59
51	护罩螺栓	—	套	0.72
52	金属膨胀管	$\phi12$	只	3.36
53	锚头螺栓	—	套	1.8
54	塑料膨胀管	$\phi6$	只	0.05
55	膨胀螺丝	—	个	20
56	不锈钢焊条	综合	kg	37.07
57	冲击钻头	$\phi8\sim16$	个	6.47
58	电焊条	—	kg	4.31
59	钢锯条	—	条	2.59
60	钢丝刷子	—	把	2.59
61	焊锡	—	kg	103
62	焊锡膏	—	kg	31.03
63	合金钢切割片	$\phi300$	片	12.93
64	合金钢钻头	一字型	个	8.62
65	平垫铁	综合	kg	6.9
66	切缝机片	—	片	155
67	砂轮片	综合	片	7.08
68	砂纸	—	张	0.52
69	石料切割锯片	—	片	27.17
70	塑料焊条	—	kg	8.03
71	铁砂布	$0^{\#}\sim2^{\#}$	张	1.03
72	铁砂皮	—	张	1.33
73	防抛网	—	m²	210
74	封缝带	—	m	33
75	扫刷	—	把	54
76	铁件	综合	kg	6.9
77	斜垫铁	综合	kg	8.62
78	预埋铁件	—	kg	3.75
79	注胶器	—	个	24.37
80	注胶座	—	个	1.03
81	镀锌铁丝	$22^{\#}$	kg	6.55
82	镀锌铁丝	$8^{\#}\sim12^{\#}$	kg	6.55
83	镀锌铁丝	$18^{\#}\sim22^{\#}$	kg	6.55
84	复合硅酸盐水泥	P·C 32.5R 综合	kg	0.32
85	普通硅酸盐水泥	P·O 42.5 综合	t	346
86	普通硅酸盐水泥	P·O 42.5 综合	kg	0.34
87	白色硅酸盐水泥	$325^{\#}$ 二级白度	kg	0.53
88	白色硅酸盐水泥	$425^{\#}$ 二级白度	kg	0.59
89	白水泥	—	kg	0.771
90	黄砂	净砂	t	92.23

序号	材料名称	型号规格	单位	单价(元)
91	黄砂	净砂(中粗砂)	t	102
92	石英砂	综合	kg	0.97
93	铁砂布	—	张	1.03
94	砾石	40	t	67.96
95	石屑	—	t	38.83
96	碎石	综合	t	102
97	碎石	40 以内	t	102
98	碎石	5～40	m³	153
99	厂拌粉煤灰三渣	—	m³	136
100	塘渣	—	t	34.95
101	道渣	—	m³	40.39
102	石膏粉	—	kg	0.68
103	矿粉	—	t	139.78
104	石粉	—	t	20
105	土方	—	m³	0
106	沙袋	—	kg	0
107	块石	—	t	77.67
108	标准砖	240×115×53	千块	388
109	混凝土块	250×50×125	m	1.08
110	石质块	25×5×12.5	m	3.78
111	现浇混凝土	C30	m³	400
112	粗粒式沥青混凝土	—	m³	733
113	细粒式沥青混凝土	—	m³	888
114	中粒式沥青混凝土	—	m³	750
115	冷补细粒沥青混凝土	—	t	1 062
116	板枋材	—	m³	2 069
117	枕木	—	m³	2 457
118	木柴	—	kg	0.16
119	仿木桩	—	m³	0
120	瓷砖	152×152	千块	392
121	釉面砖	—	m²	19.91
122	带防滑条地砖	—	m²	61.03
123	大理石板	—	m²	119
124	花岗岩板	—	m²	159
125	防火板	—	m²	56.03
126	铝合金压条	综合	m	18.1
127	酚醛磁漆	—	kg	12.07
128	环氧树脂	—	kg	15.52
129	喷漆	—	kg	12.93
130	调和漆	—	kg	11.21
131	环氧富锌底漆	702	kg	23.09
132	环氧云铁底漆	842	kg	17.5
133	丙烯酸面漆	—	kg	36
134	油漆	—	kg	13.79
135	防火涂料	—	kg	13.36
136	防锈漆	—	kg	14.05

续表

序号	材料名称	型号规格	单位	单价(元)
137	红丹防锈漆	—	kg	6.9
138	松锈剂	—	kg	26.6
139	氯化橡胶面漆	—	kg	20.69
140	PG 道路封缝胶	—	kg	21.29
141	乳化沥青	—	kg	4
142	石油沥青	—	kg	2.67
143	石油沥青	—	t	2 672
144	改性基质沥青	—	t	5 226.22
145	乳化沥青	—	t	3 621.6
146	石油沥青	60# ~ 100#	t	1 878
147	聚四氟乙烯生料带	—	卷	5
148	密封胶	—	kg	11.12
149	密封油膏	—	kg	5.86
150	内防水橡胶止水带	—	m	87.07
151	石棉盘根	φ6 ~ 10	kg	6.64
152	外防水氯丁酚醛胶	—	kg	13.02
153	橡胶石棉盘根	编织 φ11 ~ 25(250℃)	kg	17.93
154	聚氨酯沥青防水涂料	—	kg	14.65
155	水柏油	—	kg	0.44
156	稀释剂	—	kg	12.07
157	添加剂 A(SBR 乳胶)	—	t	37 600
158	添加剂 B(乳化剂)	—	t	31 500
159	锭子油	20# 机油	kg	5.78
160	黄油	—	kg	9.05
161	机油	综合	kg	2.91
162	溶剂汽油	—	kg	5.4
163	溶剂油	—	kg	2.29
164	柴油	—	kg	5.09
165	柴油	0#	kg	5.09
166	煤油	—	kg	3.79
167	汽油	综合	kg	6.12
168	润滑油	—	kg	4.33
169	电力复合脂	—	kg	17.24
170	钙基润滑脂	—	kg	9.05
171	黄油钙基脂	—	kg	9.66
172	石蜡	—	kg	5
173	硬白蜡	—	kg	5
174	草酸	—	kg	3.88
175	丙酮	—	kg	8.16
176	酒精	工业用 99.5%	kg	7.07
177	自粘性橡胶带	20mm × 5m	卷	15.37
178	除油剂	A5	kg	10.69
179	固化剂	—	kg	30.69
180	清洁剂	—	kg	7.76
181	化油剂	—	kg	15
182	药剂	—	kg	25.86

续表

序号	材料名称	型号规格	单位	单价(元)
183	乙炔气	—	kg	7.6
184	乙二胺硬化剂	—	kg	15.24
185	氧气	—	m³	3.62
186	乙炔气	—	m³	8.9
187	108 胶	—	kg	1.03
188	PVC 胶水	—	kg	25.86
189	SG791 胶水	—	kg	5.17
190	强力胶	801 胶	kg	12.93
191	聚氨酯密封胶	—	kg	17.23
192	灌封胶	—	kg	43.58
193	绝缘胶布	20m/卷	卷	7.76
194	塑料胶布带	20mm × 10m	卷	2.07
195	塑料胶带	20m	卷	17.24
196	塑料粘胶带	20mm × 50m	卷	15.37
197	自粘橡胶带	20 × 5	卷	1.6
198	石棉	—	kg	3.92
199	石棉绒	—	kg	3.49
200	玻璃纤维布	—	m²	2.07
201	钢管	$\phi100 \times 4$	kg	3.88
202	碳素结构钢镀锌焊接钢管	$DN50 \times 3.8$	m	22.12
203	不锈钢管	$\phi50$	m	10.1
204	不锈钢管	$\phi76$	m	22.97
205	UPVC 双壁波纹排水管	$DN250$	m	35.37
206	UPVC 双壁波纹排水管	$DN300$	m	50.25
207	UPVC 塑料管	$De50$	m	6.03
208	PVC 管材	$\phi160$	m	38.05
209	塑料管	$DN110$	m	0
210	高压胶皮风管	$\phi25 - 6P - 20m$	m	15.52
211	PVC 集水斗	—	个	15.93
212	管箍	$\phi160$	只	7.08
213	弯头	$\phi160$	只	21.24
214	缩节	$\phi160$	只	19.47
215	塑料管弯头	$DN110$	个	0
216	平焊法兰	1.6MPa $DN100$	副	90.86
217	平焊法兰	1.6MPa $DN150$	副	151
218	橡胶圈(UPVC 管)	$DN300$	个	16.69
219	室内消火栓	$SN50$	套	0
220	地上消火栓	—	套	0
221	消防水泵接合器	—	套	0
222	消防洒水喷头	—	个	0
223	水龙带	—	卷	100
224	成套灯具	—	套	474
225	灯具外壳	—	套	60
226	灯具外壳(高架投光灯)	—	套	250
227	高(低)压钠灯泡	100W	个	43
228	高(低)压钠灯泡	150W	个	45.8

续表

序号	材料名称	型号规格	单位	单价(元)
229	触发器	—	套	20
230	镇流器	—	套	71
231	控制器	—	套	600
232	避雷器调试	—	组	4.46
233	避雷器	HY5WS – 17/50	组	146
234	跌落式熔断器	—	组	30.81
235	ABB 负荷令克	LBU11 – 12/100 – 12.5 型	组	2 845
236	高压熔丝	—	根	9.48
237	交联铝芯架空电缆	JKLYJ/10kV – 1 × 70	m	5.1
238	控制电缆终端头	—	个	0.47
239	压铜接线端子	—	个	9.8
240	铜接线端子	50mm^2	只	4.75
241	低压瓷柱	Z – 301	只	4
242	箱变壳体	—	个	19 646
243	箱变围栏	—	m^2	219
244	真空接触器	CKJP – 125A	只	537
245	熔断器	AM4 – 50A	只	9.9
246	接触器	B50C	只	197
247	热继电器	JR – 60/3 32A	只	12.5
248	熔断器	RT14 – 15/6A	只	0.85
249	熔断器	NT00 – 160/100A	只	11.12
250	熔断器	GFI – 16/4A	只	9.3
251	指示灯	AD11 – 25/10 220V	只	8
252	电容器	BCMJ0.4 – 3 – 12	只	264
253	熔断器	NG1 – 200A	只	48
254	熔断器	NT0 – 100A	只	9.5
255	熔断器	RL1 – 15/4A	只	0.51
256	熔断器	UK5 – HESI	只	14.8
257	白炽灯	40W/220V	只	1.16
258	铜芯线	BV – 25mm^2	m	6.925
259	铜芯线	BV – 1.5mm^2	m	0.465
260	针式瓷瓶	3$^\#$	只	1 024.32
261	电缆更换	YJV22 – 4 × 16	km	424.9
262	电缆	YJV22 – 4 × 16	km	36 060
263	电缆更换	YJV22 – 4 × 25	km	424.9
264	电缆	YJV22 – 4 × 25	km	55 147
265	电缆更换	YJV22 – 5 × 35	km	424.9
266	电缆	YJV22 – 5 × 35	km	93 568
267	电缆头制作	16mm^2	只	51.29
268	电缆头制作	25mm^2	只	51.29
269	电缆头制作	35mm^2	只	51.29
270	电缆沟铺砂盖砖(含标志桩)	—	km	16 415.3
271	管道更换	φ110PVC – C	km	44.7
272	管道	φ110PVC – C	km	15 960
273	满包混凝土加固	—	m^3	375.06
274	工作井	500 × 500	只	49.78

续表

序号	材料名称	型号规格	单位	单价(元)
275	瓷灯头	—	只	5.5
276	抹布	—	块	2
277	护套线	—	米	3.33
278	开关电源板(集成变压器)	—	块	1 238.94
279	主机板	—	块	2 194.69
280	GPRS 通信模块	—	块	1 061.95
281	开关量输入板	—	块	1 548.67
282	开关量输出板	—	块	1 637.17
283	交流采样板	—	块	1 592.92
284	总线底板	—	块	955.75
285	断路器	4 只 DZ47 – C10	只	17.7
286	蓄电池	12V	节	486.73
287	电压采集线	2 条	条	20
288	箱体锁芯	—	只	25
289	集中控制器	—	台	3 982.3
290	全自动定时控制器时间开关	—	只	106.19
291	3P 空气断路器	电流≥10A	只	17.7
292	1P 空气断路器	电流≤5A	只	13.27
293	交流互感器	3 只	只	310.34
294	铅酸电池	DC12V	节	159.29
295	中间继电器	电流 = 5A	个	17.7
296	多路计量表	3 路	只	707.96
297	无线通信费	—	个	120
298	通信天线	—	根	132.74
299	通信费	—	个	4 528.3
300	光纤年费	—	项	11 320.75
301	打印复印机	HP M3775dw	台	5 752.21
302	光采集器	2 台	台	35 398.23
303	UPS 电源	6kV·A	组	25 840.71
304	数据服务器	DELL 2 台	台	9 203.54
305	前台主机	DELL7050 2 台	台	5 752.21
306	显示器	DELL 2 台	台	1 769.91
307	通信天线 2 根	智能、单灯	根	132.74
308	LED 分割屏	—	组	263 768.14
309	交换机	华为 S5730S – 68C – EI – AC	台	13 716.81
310	路由器	华为 AR2240 – S	台	12 654.87
311	控制操作台	—	台	17 699.12
312	光纤路由器设备机柜	—	台	5 309.73
313	配电箱	—	台	5 752.21
314	工器具	—	套	530.97
315	水晶头	—	个	1
316	路灯号牌	—	个	10
317	保险丝	10A	轴	7.33
318	黑胶布	20mm×20m	卷	1.29
319	黄蜡带	20mm×10m	卷	1.29
320	青壳纸	$\delta 0.1 \sim 1.0$	kg	4.31

序号	材料名称	型号规格	单位	单价(元)
321	铜芯聚氯乙烯护套屏蔽软线	RVVP 2×1.0	m	1.92
322	铜芯塑料绝缘线	BVV1×10	m	5.17
323	电缆	—	m	0
324	控制电缆	—	m	8
325	跳线	—	条	43.68
326	UPVC 塑料管接头	De50	个	5
327	接线铜端子头	—	个	0.86
328	小型通信模块	—	个	0
329	专用吸油纸	—	张	1.81
330	镀锌铁丝	12#	kg	5.38
331	型钢伸缩缝	YFF80	m	750
332	梳型钢板伸缩缝	—	m	2 133
333	圆木桩	—	m³	1 379
334	其他材料费	—	元	1
335	牛皮纸	—	m²	6.03
336	毛刷	—	把	2.16
337	泡沫条	φ30	m	0.86
338	相色带	20mm×20m	卷	25.86
339	油刷	65mm	把	3.28
340	泡沫条	φ8	m	0.28
341	电	—	kW·h	0.78
342	煤	—	kg	0.6
343	水	—	m³	4.27
344	木模板	—	m³	1 445
345	网	4m×2m	m²	5
346	铁撑板	—	t	3 578
347	土工格栅	—	m²	6.81
348	道路侧石	370×150×1000	m	35.78
349	道路高侧石	400×150×1000	m	40.17
350	广场砖	100×100	m²	28.45
351	平石	500×500×120	m	30.17
352	人行道板	250×250×50	m²	31.9
353	人行道 S 砖	200×100×60	m²	39.91
354	拦油索	—	m	65
355	草坪砖	600×400×100	m²	31.03
356	车道灯	302LED	组	733
357	防眩板	800×180×1.5	块	19.83
358	风镐凿子	—	支	8.62
359	细白布	宽 0.9m	m	5
360	水位尺	—	m	0
361	浮溢	4×4	个	10.58
362	松锯材	—	m³	1 121
363	标牌	—	m²	0
364	扎带	—	根	0.1
365	室内堵漏胶	—	kg	0
366	其他机械费	—	元	1

续表

序号	材料名称	型号规格	单位	单价(元)
367	黄砂 净砂	—	t	92.23
368	碎石 综合	—	t	102
369	陶粒	—	m³	182
370	标准砖	240×115×53	千块	388
371	仿生水草	—	m²	110
372	熔断器	—	个	9.5
373	继电器	—	个	0
374	小型机具使用费	—	元	1
375	107 胶纯水泥浆	—	m³	490.56
376	纯水泥浆	—	m³	430.36
377	水泥砂浆	1:1	m³	294.2
378	水泥砂浆	1:2	m³	268.85
379	水泥砂浆	1:2.5	m³	252.49
380	水泥砂浆	1:3	m³	238.1
381	水泥砂浆	M5.0	m³	212.41
382	水泥砂浆	M7.5	m³	215.81
383	水泥砂浆	M10.0	m³	222.61
384	混合砂浆	1:0.5:1	m³	310.12
385	白水泥白石屑浆	1:2	m³	393.35
386	现浇现拌混凝土	C15(40)	m³	276.46
387	现浇现拌混凝土	C20(40)	m³	284.89
388	现浇现拌混凝土	C40(40)	m³	330.72
389	穿孔曝气机	3kW	台	0
390	避雷器	—	组	40.03
391	磨细粉煤灰	—	t	282
392	植物纤维增强水泥管	WYIDN200	m	123
393	植物纤维增强水泥管	WYIDN300	m	212
394	搪瓷钢板(含背栓件)	—	m²	569
395	双组分液体环氧树脂	—	kg	38.79
396	快速混凝土	42.5 坍落度 35~50	m³	7 000
397	止车柱	—	根	0
398	石质块料	10cm	m²	291.3
399	彩色高分子聚合物	—	kg	26
400	沥青灌缝胶	—	kg	5
401	水泥纤维板	—	m²	0
402	铸铁井座	—	只	0
403	铸铁井盖	—	块	0
404	铸铁篦子座	510×390	只	0
405	铸铁篦子盖	510×390	块	0
406	混凝土篦子座	510×390	只	0
407	混凝土篦子盖	510×390	块	0
408	侧进井盖座	—	套	0
409	立式雨水口侧石	370×150×1000	m	0
410	机电配件	—	个	0
411	涤纶防坠网	—	副	56
412	修补气囊	DN300~400	个	25 000

序号	材料名称	型号规格	单位	单价(元)
413	修补气囊	$DN500 \sim 600$	个	35 000
414	修补气囊	$DN800 \sim 1000$	个	65 000
415	修补气囊	$DN1\,200$	个	85 000
416	防毒面具	—	只	30
417	紫外光固化玻璃纤维软管	$DN300 \times 3mm$	m	899.11
418	紫外光固化玻璃纤维软管	$DN400 \times 3mm$	m	1 081.83
419	紫外光固化玻璃纤维软管	$DN500 \times 4mm$	m	1 580.7
420	紫外光固化玻璃纤维软管	$DN600 \times 5mm$	m	1 990.65
421	紫外光固化玻璃纤维软管	$DN800 \times 6mm$	m	2 981.96
422	紫外光固化玻璃纤维软管	$DN1000 \times 7mm$	m	4 835.12
423	紫外光固化玻璃纤维软管	$DN1200 \times 8mm$	m	6 246.62
424	紫外光固化玻璃纤维软管	$DN1400 \times 8mm$	m	8 800
425	底膜	$DN300$	m	13
426	底膜	$DN400$	m	15
427	底膜	$DN500$	m	19
428	底膜	$DN600$	m	23
429	底膜	$DN800$	m	31
430	底膜	$DN1000$	m	38.5
431	底膜	$DN1200$	m	45.9
432	底膜	$DN1400$	m	51.5
433	扎头布	$DN300$	块	238
434	扎头布	$DN400$	块	351
435	扎头布	$DN500$	块	417
436	扎头布	$DN600$	块	483
437	扎头布	$DN800$	块	635
438	扎头布	$DN1000$	块	750
439	扎头布	$DN1200$	块	786
440	扎头布	$DN1400$	块	926
441	聚酯纤维软管	$DN300\ 6mm$	m	722.82
442	聚酯纤维软管	$DN400\ 6mm$	m	1 050.85
443	聚酯纤维软管	$DN500\ 7.5mm$	m	1 360.75
444	聚酯纤维软管	$DN600\ 7.5mm$	m	1 600.7
445	聚酯纤维软管	$DN800\ 12mm$	m	2 607.8
446	聚酯纤维软管	$DN1000\ 14mm$	m	3 492.9
447	聚酯纤维软管	$DN1200\ 18mm$	m	4 704.8
448	聚酯纤维软管	$DN1400\ 18mm$	只	6 066
449	聚酯纤维软管	$DN1600\ 22mm$	m	8 965.52
450	聚酯纤维软管	$DN1800\ 25mm$	m	10 086.21
451	聚酯纤维软管	$DN2000\ 27mm$	m	12 068.97
452	聚酯纤维软管	$DN2200\ 30mm$	m	17 068.97
453	聚酯纤维软管	$DN2400\ 35mm$	m	18 620.69
454	纤维软管	$DN300$	m	339.74
455	纤维软管	$DN400$	m	493.9
456	纤维软管	$DN500$	m	639.55
457	纤维软管	$DN600$	m	752.33
458	纤维软管	$DN800$	m	1 225.67

续表

序号	材料名称	型号规格	单位	单价(元)
459	纤维软管	DN1000	m	1 641.66
460	纤维软管	DN1200	m	2 211.26
461	纤维软管	DN1400	m	2 851
462	纤维软管	DN1600	m	4 213.79
463	纤维软管	DN1800	m	4 740.52
464	纤维软管	DN2000	m	5 672.41
465	纤维软管	DN2200	m	8 022.41
466	纤维软管	DN2400	m	8 751.72
467	辅助内衬管	DN300	m	16.5
468	辅助内衬管	DN400	m	22.9
469	辅助内衬管	DN500	m	27.9
470	辅助内衬管	DN600	m	32.9
471	辅助内衬管	DN800	m	44.2
472	辅助内衬管	DN1000	m	51.2
473	辅助内衬管	DN1200	m	65.5
474	辅助内衬管	DN1400	m	74.2
475	辅助内衬管	DN1600	m	95.5
476	辅助内衬管	DN1800	m	117
477	辅助内衬管	DN2000	m	140
478	辅助内衬管	DN2200	m	176
479	辅助内衬管	DN2400	m	216
480	耐高温水带	ϕ100	m	48
481	充气管塞	500	个	2 700
482	充气管塞	600	个	4 500
483	快燥精	—	kg	12
484	潜水衣	—	套	10 800
485	体检费	—	次	480
486	气体检测费	—	元	1
487	操作手柄(带线)	—	个	450
488	长管式呼吸器	—	个	1 033.33
489	硅油	—	kg	23
490	膨胀不锈钢螺栓挂钩	—	套	2.2
491	变压器常规检修	—	台	95.85
492	高压成套配电柜常规检修	—	台	199.7
493	跳线	—	组	43.68
494	低压开关检修	—	只	10.96
495	瓷瓶更换	—	只	3 225.42
496	交联铜芯架空电缆更换	—	km	110.48
497	水泥杆更换	—	根	163.68
498	水泥杆	13m	根	1 863
499	灯具	—	只	260
500	节能灯	20W	只	40
501	驱动电源	24V 250W	套	270
502	镇流器	NG－70W	只	61.53
503	镇流器	NG－600W	只	280
504	镇流器	NG－400W	只	192

序号	材料名称	型号规格	单位	单价(元)
505	镇流器	NG－250W	只	129
506	镇流器	NG－150W	只	91.22
507	镇流器	NG－100W	只	71
508	镇流器	NG－1 000W	只	450
509	针式瓷瓶	3#	只	10
510	引下线	1／1.78(铜芯)	米	3.82
511	线缆联接装置	三项四线制	套	57
512	投光灯具	400W 铝拉伸	只	860
513	投光灯具	250W 铝拉伸	只	810
514	投光灯具	1 000W 铝拉伸	只	950
515	通信费	—	项	5
516	熔断器	户外型	只	9.5
517	驱动电源	LED－8W	只	50
518	驱动电源	LED－20W	只	90
519	驱动电源	80W	只	175
520	驱动电源	60W	只	123
521	驱动电源	220W	只	280
522	驱动电源	180W	只	240
523	驱动电源	160W	只	220
524	驱动电源	120W	只	195
525	驱动电源	100W	只	185
526	螺旋式熔断器	15A	套	9.5
527	路灯号牌(自粘型)	—	块	10
528	金属面漆(第一遍)	—	kg	130
529	金属面漆(第二遍)	—	kg	130
530	金属底漆	—	kg	65
531	交联铜芯架空电缆	JKTRYJ－1kV～1×25	km	19 460
532	集束电缆更换	—	km	55.24
533	集束电缆	BS－JLY－2×25	km	5 350
534	护套线	BVV－2×2.5	米	3.33
535	护套线	RVV－3×2.5	米	5.25
536	光源	NG－70W	只	42
537	光源	NG－600W	只	279.5
538	光源	NG－400W	只	59.7
539	光源	NG－250W	只	49.6
540	光源	NG－150W	只	45.8
541	光源	NG－100W	只	43
542	公母防水接头	—	只	13.27
543	蝶式瓷瓶	3#	只	17
544	电容器	50μF	只	36
545	电容器	32μF	只	25
546	电容器	18μF	只	25
547	电容器	12μF	只	10
548	电缆头制作	50mm^2	只	102.38
549	电缆头制作	10mm^2	只	51.29
550	灯泡	NG－400W	只	59.7

续表

序号	材料名称	型号规格	单位	单价(元)
551	灯泡	NG – 250W	只	49.6
552	灯泡	NG – 1000W	只	435
553	灯具	LED 80W	只	615
554	灯具	LED 60W	只	505
555	灯具	LED 220W	只	855
556	灯具	LED 180W	只	725
557	灯具	LED 160W	只	705
558	灯具	LED 120W	只	705
559	灯具	LED 100W	只	665
560	灯具	70W 铝拉伸	只	490
561	灯具	600W 铝拉伸	只	950
562	灯具	400W 铝拉伸	只	860
563	灯具	250W 铝拉伸	只	810
564	灯具	150W 铝拉伸	只	765
565	灯具	100W 铝拉伸	只	550
566	单灯控制器	—	只	247.78
567	瓷灯头	E40	只	6
568	触发器 – 600	—	只	41.8
569	触发器(通用型)	—	只	24
570	变压器常规检修(315kV 以上)	—	台	112.9
571	电缆更换	YJV22 – 4 × 50	km	484.1
572	电缆	YJV22 – 4 × 50	km	102 851
573	电缆更换	YJV22 – 4 × 10	km	410.8
574	电缆	YJV22 – 4 × 10	km	24 350
575	LED 驱动	180W	只	240
576	LED 驱动	400W	只	640
577	LED 球泡灯	9W(驱动一体)	只	25.5
578	LED 光源	8W	只	30
579	LED 光源	80W	只	150
580	LED 光源	60W	只	88
581	LED 光源	220W	只	350
582	LED 光源	20W	只	50
583	LED 光源	180W	只	262
584	LED 光源	400W	只	650
585	LED 灯具	180W	只	725
586	LED 灯具	400W	只	950
587	节能灯	23W	只	45
588	电缆更换(护套)	YJV22 – 4 × 16	km	410.8
589	电缆更换(护套)	YJV22 – 4 × 25	km	410.8
590	电缆更换(护套)	YJV22 – 4 × 35	km	410.8
591	补偿电容	50μF	只	36
592	补偿电容	32μF	只	36
593	LED 光源	100W	只	175
594	LED 光源	120W	只	210
595	熔断器	户外型	套	9.5
596	LED 光源	160W	只	245

序号	材料名称	型号规格	单位	单价(元)
597	LED 线型灯	10W	盏	100
598	LED 投光灯	18W	盏	180
599	LED 壁灯	15W	盏	150
600	LED 点光源	3W	盏	70
601	非 LED 投光灯	70W 金卤灯	盏	400
602	非 LED 线型灯	28W	盏	180
603	LED 草坪灯	20W	盏	200
604	LED 庭院灯	20W	盏	200
605	非 LED 埋地灯	70W 金卤灯	盏	180
606	石质块料	—	m³	2 913
607	熔断器	NT1 – 200	只	16.44
608	混凝土切缝机	YCQ – 90	台班	38.78
609	标准信号发生器	8.2 ~ 10GHz	台班	14.81
610	电视信号发生器	—	台班	12.85
611	电压电流表(各种量程)	—	台班	22.89
612	高压绝缘电阻测试仪	—	台班	40.68
613	交流稳压电源	—	台班	11.55
614	接地电阻测试仪	0.001Ω ~ 299.9kΩ	台班	58.71
615	接地电阻测试仪	DET – 3/2	台班	40.94
616	绝缘电阻测试仪	BM12	台班	29.52
617	脉冲信号发生器	—	台班	62.13
618	数字电压表	PZ38	台班	7.34
619	数字高压表	GYB – Ⅱ	台班	90.24
620	数字万用表	—	台班	4.16
621	数字万用表	F – 87	台班	6.14
622	兆欧表	—	台班	6.34
623	直流稳压电源	—	台班	16.7
624	数字温度计	—	台班	7.65
625	有毒气体测试仪	—	台班	93.28
626	彩色监视器	—	台班	4.93
627	笔记本电脑	—	台班	10.41
628	场强仪	—	台班	228
629	对讲机(一对)	—	台班	4.61
630	频谱分析仪	—	台班	291
631	数字示波器	—	台班	79.43
632	数字式快速对线仪	—	台班	47.38
633	误码率测试仪	—	台班	569
634	线路测试仪	—	台班	11.36
635	变压器直流电阻测试仪	JD2520	台班	56.9
636	光功率计	—	台班	61.68
637	火灾探测器试验器	—	台班	4.34
638	气体分析仪	—	台班	38.56
639	手持光损耗测试仪	—	台班	11.69
640	手提式光纤多用表	—	台班	17.47
641	数字存储示波器	HP – 54603B	台班	55.01
642	音频功率源	YS44F	台班	40.94

续表

序号	材料名称	型号规格	单位	单价(元)
643	智能电瓶活化仪	—	台班	56.96
644	精密交直流稳压器	SB861	台班	44.8
645	侧壁清洗车	—	台班	3 188.8
646	履带式推土机	105kW	台班	798.23
647	履带式单斗液压挖掘机	1m³	台班	914.79
648	钢轮内燃压路机	8t	台班	353.82
649	钢轮内燃压路机	15t	台班	537.56
650	钢轮内燃压路机	18t	台班	748.9
651	钢轮振动压路机	8t	台班	488.35
652	钢轮振动压路机	15t	台班	907.6
653	手扶式振动压实机	1t	台班	58.79
654	电动夯实机	250N·m	台班	28.03
655	手持式风动凿岩机	—	台班	12.36
656	汽车式沥青喷洒机	4000L	台班	610.35
657	沥青混凝土摊铺机	8t	台班	830.94
658	路面铣刨机	2000mm	台班	2 610.79
659	汽车式起重机	8t	台班	648.48
660	汽车式起重机	10t	台班	709.76
661	汽车式起重机	12t	台班	748.6
662	汽车式起重机	16t	台班	875.04
663	汽车式起重机	20t	台班	942.85
664	汽车式起重机	30t	台班	1 038.45
665	叉式起重机	3t	台班	404.69
666	载货汽车	2t	台班	305.93
667	载货汽车	4t	台班	369.21
668	载货汽车	5t	台班	382.3
669	载货汽车	6t	台班	396.42
670	载货汽车	8t	台班	411.2
671	自卸汽车	5t	台班	455.85
672	自卸汽车	8t	台班	516.08
673	机动翻斗车	1t	台班	197.36
674	洒水车	4000L	台班	428.87
675	洒水车	8000L	台班	480.72
676	多功能高压疏通车	5000L	台班	572.48
677	多功能高压疏通车	8000L	台班	669.55
678	吸污车	4t	台班	431.43
679	载货汽车	4t	台班	369.21
680	木船	20t	台班	60
681	内液态沥青运输车	4000L	台班	526.82
682	机械船	15~20HP	台班	472.4
683	电动卷扬机	单筒 快速 5kN	台班	157.6
684	电动卷扬机	单筒 快速 15kN	台班	187.69
685	电动葫芦	单速 2t	台班	23.79
686	电动葫芦	单速 5t	台班	31.49
687	电动葫芦	双速 10t	台班	82.39
688	平台作业升降车	16m	台班	338.17

续表

序号	材料名称	型号规格	单位	单价(元)
689	平台作业升降车	44m	台班	541.96
690	曲臂登高车	—	台班	966.95
691	高空作业车	14m	台班	484
692	双锥反转出料混凝土搅拌机	350L	台班	192.31
693	双卧轴式混凝土搅拌机	500L	台班	276.37
694	灰浆搅拌机	200L	台班	154.97
695	灰浆搅拌机	400L	台班	161.27
696	混凝土切缝机	7.5kW	台班	32.71
697	锯缝机	—	台班	154
698	钢筋切断机	40mm	台班	43.28
699	液压压接机	100t	台班	113.45
700	钢筋调直机	$\phi40$	台班	35.45
701	塑料电焊机	—	台班	35.34
702	泥浆泵	100mm	台班	205.25
703	潜水泵	100mm	台班	30.38
704	交流弧焊机	21kV·A	台班	63.33
705	交流弧焊机	32kV·A	台班	92.84
706	直流弧焊机	32kW	台班	97.11
707	氩弧焊机	500A	台班	97.67
708	电焊条烘干箱	$60×50×75cm^3$	台班	16.84
709	直流电焊机	15kW	台班	50.62
710	汽油发电机组	6kW	台班	247.7
711	柴油发电机组	30kW	台班	409.55
712	电动空气压缩机	$0.6m^3/min$	台班	33.06
713	电动空气压缩机	$1m^3/min$	台班	48.22
714	电动空气压缩机	$3m^3/min$	台班	122.54
715	电动空气压缩机	$9m^3/min$	台班	346.77
716	电动空气压缩机	$10m^3/min$	台班	394.85
717	电动空气压缩机	$20m^3/min$	台班	568.57
718	内燃空气压缩机	$3m^3/min$	台班	329.1
719	内燃空气压缩机	$6m^3/min$	台班	417.52
720	液压钻机	G-2A	台班	484.95
721	双液压注浆泵	PH2×5	台班	164.42
722	轴流通风机	7.5kW	台班	45.4
723	吹风机	$4m^3/min$	台班	21.11
724	鼓风机	$8m^3/min$	台班	26.17
725	鼓风机	$18m^3/min$	台班	41.62
726	滤油机	LX100型	台班	44.32
727	液压升降机	9m	台班	25.07
728	高压射水车	—	台班	621.67
729	稀浆封层机	2.5~3.5m	台班	2 970.63
730	动力钻及液压镐	—	台班	310.43
731	雾封层材料搅拌设备	—	台班	1 444.1
732	雾封层材料洒布机	—	台班	2 341.5
733	就地热再生修补车	—	台班	2 016.35
734	高压清洗车	—	台班	754.22

序号	材料名称	型号规格	单位	单价(元)
735	柏油喷布器	300kg	台班	43.42
736	驳船	30t	台班	84.6
737	冲击钻	—	台班	39.93
738	电锤	—	台班	6.92
739	桥梁检测车	—	台班	6 500
740	高架车	20m	台班	486
741	高架车	13m	台班	326
742	简易打桩架	—	台班	58.7
743	路面清扫车	6m³	台班	877
744	木船	5t	台班	47
745	气割设备	—	台班	37.35
746	吸尘器	—	台班	9.58
747	直流稳压稳流电源	WYK－6005	台班	30.83
748	手提式冲击钻	—	台班	67.76
749	小型工程车	—	台班	322
750	喷涂机	—	台班	31.12
751	砂轮切割机	φ400	台班	26.83
752	CCTV 检测机器人	—	台班	2 263
753	QV 检测系统	—	台班	1 726
754	柴油发电机	3kW	台班	53
755	抓铲挖掘机	0.5m³	台班	649.22
756	混凝土振捣器	平板式	台班	12.54
757	混凝土振捣器	插入式	台班	4.65
758	钻砖机	13kW	台班	15.92
759	自耦调压器	—	台班	9.77
760	低频信号发生器	—	台班	7.01
761	微机硬盘测试仪	—	台班	125
762	手持式万用表	—	台班	6.96
763	网络测试仪	—	台班	57.56
764	通用计数器	1Hz～1GHz,30mV	台班	7.32
765	电焊机	综合	台班	115
766	汽车式起重机	5t	台班	366.47
767	套丝机	—	台班	26.27
768	载货汽车	2.5t	台班	216
769	交流电焊机	32kV·A	台班	84.92
770	多功能高压清洗机	—	台班	247
771	风镐	—	台班	9.73
772	综合测试仪	—	台班	25.33
773	机械疏沟摇车	—	台班	200
774	污泥拖斗车	—	台班	621.91
775	冲吸污泥车	—	台班	899.44
776	树脂搅拌机	—	台班	300
777	紫外光固化修复设备	—	台班	8 500
778	声纳检测仪	—	台班	1 407.87
779	手动摇车	—	台班	30.3
780	联合冲吸车	—	台班	1 582.14

序号	材料名称	型号规格	单位	单价(元)
781	污泥抓斗车	—	台班	565.24
782	潜水服务系统	—	台班	8 650
783	液压动力渣浆泵	4寸	台班	297.6
784	多功能高压疏通车	罐容量 12 000L	台班	3 065.3
785	热水固化一体式加热车	—	台班	5 851.9
786	气动切割锯	—	台班	380
787	便携式计算机	—	台班	1.333
788	测距仪	徕卡 D810	台班	2.649
789	高空作业车	26m	台班	670.36
790	高空作业车	13m	台班	326
791	光功率计	华仪 MS2205	台班	0.316
792	交流弧焊机	32kV·A	台班	88
793	亮度计	新叶 XYL–Ⅲ型全数字	台班	1.3
794	网络分析仪	—	台班	265
795	照度计	远方光谱彩色照度计 SPIC–200BW	台班	3.267
796	高空作业车	14m	台班	484
797	仪器仪表检测校正费	—	台班	5.33
798	洗扫车	—	台班	766.31
799	路面智能融料机	—	台班	201.99
800	沥青灌缝机	—	台班	99.7

附录四　浙江省建设工程造价管理办法

(2012 年 4 月 2 日浙江省人民政府令第 296 号公布　根据 2019 年 8 月 2 日浙江省人民政府令第 378 号公布的《浙江省人民政府关于修改〈浙江省城市建设档案管理办法〉等 5 件规章的决定》修正)

第一章　总　　则

第一条　为了科学、合理确定建设工程造价,规范建设工程造价行为,促进建设市场健康发展,根据《中华人民共和国建筑法》等有关法律、法规规定,结合本省实际,制定本办法。

第二条　本省行政区域内建设工程造价活动以及建设工程指导性计价依据的制定、修订和发布,适用本办法。

交通、水利、电力等专业建设工程造价活动以及指导性计价依据的制定、修订和发布,依照国家有关规定执行;国家没有规定的,参照本办法执行。

第三条　县级以上人民政府应当建立健全建设工程造价管理制度,完善监督管理机制,保障相关经费投入,督促有关部门和机构依法做好建设工程造价管理工作。

第四条　县级以上人民政府住房和城乡建设主管部门或者人民政府确定的其他部门(以下统称建设工程造价主管部门)负责本行政区域内建设工程造价管理工作。建设工程造价主管部门所属的建设工程造价管理机构负责造价管理的具体事务工作。

交通、水利、电力等专业建设工程的造价主管部门(以下简称专业建设工程造价主管部门)依照国家和本办法规定职责,负责专业建设工程造价活动的有关管理工作。

发展和改革、财政、审计、市场监督管理、国有资产监督管理等有关部门和机构依照各自职责,负责建设工程造价的相关管理或者监督工作。

第五条　建设工程造价活动应当遵循合法、客观、公正、独立和诚实信用的原则,维护社会公共利益。

第六条　建设工程造价行业协会应当加强行业自律,发挥行业指导、服务和协调作用。

第二章　指导性计价依据

第七条　建设工程造价主管部门应当建立指导性计价依据动态管理机制和市场调研机制,适时调整指导性计价依据和相关管理措施,科学引导建设工程造价活动。

第八条　编制或者修订建设工程指导性计价依据,应当采取论证会、座谈会或者其他方式,征求并充分听取工程建设各方以及有关专家的意见。

编制或者修订建设工程指导性计价依据,应当与经济社会发展和工程技术发展水平相适应,反映建筑业的技术和管理水平,促进工程建设领域科学技术成果的推广和应用,符合国家有关标准要求。

第九条　工程定额由省建设工程造价管理机构负责编制与修订,报省建设工程造价主管部门会同同级发展和改革、财政主管部门审定后颁布。

工程定额由省建设工程造价管理机构负责解释;必要时,提请颁布部门予以解释。

第十条　为处理建设工程实施过程中遇到的特殊情况,需要对工程定额予以补充的,由省建设工程造价管理机构组织编制、发布补充定额,并报有关审定部门备案。

第十一条　因建设工程设计、施工的特殊性,已编制的工程定额缺少对应内容的,施工企业可以与建设单位协商编制一次性补充定额。一次性补充定额仅适用于本建设工程。

第十二条　建设工程造价主管部门应当建立建设工程造价基础数据库以及市场价格监测和预警机制,定期采集、测算、发布建设工程价格要素市场信息价和指数、指标等相关信息,利用大数据等手段开展建设工程造价信息监测。

第十三条 鼓励开发和应用建设工程造价软件和辅助管理系统。

软件开发单位开发和销售的建设工程造价软件应当符合国家和本省有关规定。

第三章 工 程 造 价

第十四条 建设工程造价遵循投资估算控制设计概算、设计概算控制施工图预算、施工图预算控制工程结算的原则，实施全过程管理。

建设工程投资估算、设计概算和施工图预算的编制，按照国家和省有关规定执行。

第十五条 建设单位与施工企业应当按照指导性计价依据和国家、省有关规定，在建设工程施工合同中约定建设工程造价。实行招标投标的建设工程，其造价的约定应当遵守招标投标法律、法规和规章的规定。

第十六条 国有投资建设工程应当采用工程量清单计价。工程量清单应当根据施工图编制，不得作假。

非国有投资建设工程提倡采用工程量清单计价。

第十七条 国有投资建设工程实行招标的，建设单位应当组织编制招标控制价。招标控制价是建设工程招标中限定的最高工程造价。

招标投标综合管理部门应当将招标控制价相关材料与建设工程造价主管部门共享。

第十八条 建设工程安全防护和文明施工措施费用的计提、支付及使用管理，按照国家有关规定执行。有关监督管理部门应当加强监督。

第十九条 工程价款结算，按照建设工程施工合同约定和相关法律、法规、规章的规定办理。

能够实行分段即时结算的建设工程，建设单位应当按照工程进度实行分段即时结算。

建设单位应当在收到工程结算文件后的约定期限内进行审核，并予以答复。对工程结算答复期限没有约定或者约定不明确的，具体期限按28个工作日确定；建设单位和施工企业双方也可以另行约定期限，但最长不得超过6个月。

第二十条 建设单位应当在和施工企业签署工程竣工价款结算书之日起30日内向建设工程造价主管部门报送结算信息。

法律、法规、规章规定工程竣工价款结算需要由财政主管部门批准或者认定的，建设单位应当在批准或者认定之日起30日内报送结算信息。

第二十一条 建设单位违反建设工程施工合同约定，拒绝、逃避或者拖延支付到期工程价款的，施工企业可以暂停施工，并可以依据建设单位授权代表确认的工程量或者工程价款依法向人民法院申请支付令，要求建设单位支付工程价款。

第二十二条 建设单位和施工企业对建设工程结算价款有争议的，可以向建设工程造价主管部门或者建设工程造价管理机构申请调解；不愿协商、调解，或者协商、调解不成的，可以依法申请仲裁或者提起诉讼。

第四章 工程造价咨询企业和执业人员管理

第二十三条 工程造价咨询企业应当依法取得国家规定的资质，并在其资质等级许可的范围内从事咨询活动。未依法取得国家规定的资质或者超越资质等级许可的范围从事咨询活动的，其出具的工程造价咨询成果文件无效。

工程造价咨询企业依法从事工程造价咨询活动，不受行政区域、行业等限制。

任何单位和个人不得限制或者指定工程造价咨询企业从事本系统、本行业的工程造价咨询活动。

第二十四条 工程造价咨询企业应当与委托单位签订所承接业务的书面合同，并按照合同约定和标准规范、操作规程、执业准则的要求，客观、公正地提供服务，对出具的工程造价咨询成果文件质量负责。

工程造价咨询企业出具的工程造价咨询成果文件应当加盖企业执业印章,具体承担咨询业务的注册造价工程师应当签字并加盖执业印章。

第二十五条 工程造价咨询企业不得有下列行为:

(一)涂改、倒卖、出租、出借资质证书或者以其他形式非法转让资质证书;

(二)超越资质等级承接造价咨询业务;

(三)同时接受招标人和投标人或者两个以上投标人对同一建设工程的造价咨询业务;

(四)使用本企业以外人员的执业印章或者专用章;

(五)转让其所承接的造价咨询业务;

(六)故意抬高或者压低工程造价;

(七)伪造造价数据或者出具虚假造价咨询成果文件;

(八)泄露在咨询服务活动中获取的商业秘密和技术秘密;

(九)以给予回扣、贿赂等方式进行不正当竞争;

(十)法律、法规和规章禁止的其他行为。

第二十六条 工程造价执业人员应当依法取得造价工程师注册证书,按照国家和省有关规定开展执业活动。

第二十七条 工程造价执业人员不得有下列行为:

(一)签署有虚假记载或者误导性陈述的造价成果文件;

(二)在非实际执业单位注册;

(三)以个人名义承接造价业务,允许他人以自己的名义从事造价业务,或者冒用他人的名义签署造价成果文件;

(四)同时在两个或者两个以上单位执业;

(五)涂改、倒卖、出租、出借或者以其他形式非法转让注册证书、执业印章、专用章;

(六)泄露在执业中获取的商业秘密和技术秘密;

(七)法律、法规和规章禁止的其他行为。

第二十八条 工程造价咨询企业应当建立健全质量控制、操作流程、档案管理等管理制度,加强执业人员的业务培训、法制和职业道德教育。

第五章 监 督 检 查

第二十九条 建设工程造价主管部门和有关监督管理部门应当建立信息共享平台,加强信息交流,完善协同监管机制。发现违法行为的,应当依法作出处理。有关单位和个人应当予以配合。

监督检查中获悉的商业秘密和技术秘密,应当予以保密。

第三十条 建设工程造价主管部门应当建立工程造价咨询企业、执业人员的信用档案,并按照国家和省有关规定开展信用评价。

第三十一条 建设工程造价主管部门应当加强对建设工程施工合同履行情况的监督检查,并将监督检查情况和建设工程有关造价信息在本单位的门户网站或者其他媒体上公布,接受社会监督。依法应当保密的建设工程除外。

第三十二条 国有投资建设工程超过国家、省规定的投资额度及标准,擅自增加建设内容,扩大建设规模,低价中标、高价结算,以及不按照建设工程施工合同约定支付工程款的,发展和改革、财政、审计和建设工程造价等有关监督管理部门应当调查核实,并依据各自职责,依法作出处理。

第六章 法 律 责 任

第三十三条 违反本办法规定的行为,法律、法规已有法律责任规定的,从其规定。

第三十四条 违反本办法第十六条第一款规定,国有投资建设工程未采用工程量清单计价的,由建设工程造价主管部门责令限期改正,处 1 万元以上 3 万元以下的罚款。

第三十五条　违反本办法第二十条规定,建设单位不按照规定报送工程竣工结算价款信息的,由建设工程造价主管部门责令限期改正;逾期不改正的,处 1 万元以上 3 万元以下的罚款。

第三十六条　工程造价咨询企业违反本办法第二十五条第一项至第七项规定的,由建设工程造价主管部门给予警告,没有违法所得的,处 1 000 元以上 1 万元以下的罚款;有违法所得的,处违法所得 3 倍以上但不超过 3 万元的罚款。

工程造价咨询企业违反本办法第二十五条第八、九项规定的,由市场监督管理部门依照有关规定处理。

第三十七条　建设工程造价执业人员违反本办法第二十七条第一项至第五项规定的,由建设工程造价主管部门给予警告,责令限期改正,没有违法所得的,处 1 000 元以上 1 万元以下的罚款;有违法所得的,处违法所得 3 倍以上但不超过 3 万元的罚款。

建设工程造价执业人员违反本办法第二十七条第六项规定的,由市场监督管理部门依照有关规定处理。

第三十八条　建设工程造价主管部门、有关监督管理部门和建设工程造价管理机构及其工作人员违反本办法规定,不履行或者不正确履行监督管理职责,造成严重后果的,对直接负责的主管人员和其他直接责任人员,按照管理权限依法依纪追究责任。

第七章　附　　则

第三十九条　对违反本办法规定的行为,建设工程造价主管部门、专业建设工程造价主管部门可以依法委托建设工程造价管理机构实施行政处罚。

第四十条　本办法所称建设工程造价,是指建设工程项目从筹建到竣工验收、交付使用期间,因工程建设活动而发生的全部费用。

本办法所称指导性计价依据,是指建设工程各方在建设工程造价活动中所采用的工程定额、补充定额、价格信息等。

本办法所称国有投资建设工程,是指全部使用国有资金(包括国家融资资金)投资,以及国有资金投资占投资总额 50% 以上,或者虽不足 50% 但国有投资者实际拥有控股权的建设工程。

第四十一条　本办法自 2012 年 10 月 1 日起施行。2004 年 4 月 22 日省人民政府发布的《浙江省建设工程造价计价管理办法》同时废止。